Walid Rezig
Mohamed Kouidri
Abdelaziz Bendraoua

Analyse et contrôle des rejets liquides au niveau du complexe GL4/Z

Walid Rezig
Mohamed Kouidri
Abdelaziz Bendraoua

Analyse et contrôle des rejets liquides au niveau du complexe GL4/Z

Gestion des déchets liquides

Presses Académiques Francophones

Imprint
Any brand names and product names mentioned in this book are subject to trademark, brand or patent protection and are trademarks or registered trademarks of their respective holders. The use of brand names, product names, common names, trade names, product descriptions etc. even without a particular marking in this work is in no way to be construed to mean that such names may be regarded as unrestricted in respect of trademark and brand protection legislation and could thus be used by anyone.

Cover image: www.ingimage.com

Publisher:
Presses Académiques Francophones
is a trademark of
International Book Market Service Ltd., member of OmniScriptum Publishing Group
17 Meldrum Street, Beau Bassin 71504, Mauritius

Printed at: see last page
ISBN: 978-3-8416-2266-2

Copyright © Walid Rezig, Mohamed Kouidri, Abdelaziz Bendraoua
Copyright © 2015 International Book Market Service Ltd., member of OmniScriptum Publishing Group
All rights reserved. Beau Bassin 2015

REPUBLIQUE ALGERIENNE DEMOCRATIQUE ET POPULAIRE

Ministère de l'Enseignement Supérieur et de la Recherche Scientifique

Université des Sciences et de la Technologie d'Oran- Mohamed Boudiaf

Faculté de Chimie - Département de Chimie Organique Industrielle

Domaine Sciences et Techniques - Spécialité Génie des Procédés

Option : Génie de l'environnement

LIVRE

Thème

Analyse et Contrôle des Rejets Liquides du Complexe GL4/Z (ARZEW)

Auteurs :

Mr . REZIG Walid
Mr. KOUIDRI Mohamed
Dr. BENDRAOUA Abdelaziz

2014/2015

AVANT-PROPOS

Nous remercions LE BON DIEU de nous avoir donné l'occasion d'accéder au savoir et la volonté pour réaliser ce travail .

Le présent projet de fin d'études a été réalisé au niveau du complexe de liquéfaction du gaz naturel GL4/Z (ex Camel) à Arzew .

En premier lieu nous tenons à exprimer notre profonde et respectueuse reconnaissance envers Monsieurs Directeurs de projet Dr.A.BENDRAOUA ,Dr.A.BENTOUAMI et Mr.S.HEDDADJ Co-encadreur au niveau du complexe GL4/Z pour avoir dirigé ce mémoire, pour leurs contributions scientifiques et pour l'intérêt permanent qu'ils ont manifesté tout le long de ce travail .

Nous adressons également nos vifs remerciements à tous les responsables des organismes qui nous ont orientés , aidés et facilité la tache pour la réalisation de ce travail en particulier :

- Département de sécurité service prévention au niveau du complexe GL4/Z (ex.CAMEL) à Arzew.
- Laboratoire Environnemnt , Catalyse, Matériaux au niveau du l'Université des Sciences et de la Technologie Mohamed Boudiaf d'Oran.
- Laboratoire du complexe GL4/Z (ex.CAMEL) à Arzew.

- Laboratoire du complexe RA1/Z à Arzew.

- Laboratoire du complexe GL1/Z à Bethioua.

- Service des utilités en particulier le quart « D » du complexe GL4/Z (ex.CAMEL) à Arzew.

Et à Monsieur S.BELAHNECHE chef service prévention et Les ingénieurs Environnement Mr.M.MOUILLAH et Mr.M.MEKKAOUI au niveau de Département sécurité service prévention du complexe GL4/Z (ex.CAMEL) à Arzew.

LISTE DES ABREVATIONS

AFNOR	:	Association Franaise de Noramlisation
DRH	:	Département des Ressources Humaines
E3119	:	Dessaleur
ED	:	Eau Distillée
EDM	:	Eau De Mer
GN	:	Gaz Naturel
GNL	:	Gaz Naturel liquéfié
H.C	:	Hydrocarbure
HSE	:	Health Safety Environment (Hygiène et Sécurité de l'Environnement)
ICPE	:	Installation Classée pour la Protection de l'Environnement
ISA	:	(International Standardizing Associations)
ISO	:	International Standards Organization (organisation internationale de normalisation)
MO	:	Matières Organiques
pH	:	Potentiel d'Hydrogène
RAE	:	Rendement Auto Epuratoire
S.D.C	:	Salle De Controle
SME	:	Système de Management Environnemental
TAV	:	Turbine à Vapeur
T/h	:	Tonne par heure
U	:	Unité
VC	:	Vapeur de Chauffe
VD	:	Vapeur Détendue
VH	:	Vapeur Haute pression (70 bars eff. et 500°C)

ERRATA

PAGE	LIRE	AU LIEU DE
4	Pollution par Eutrophisation	Pollution Microbiologique par les micro-organismes
32	Conductivité µS/ cm	Conductivité (µS/ cm)
33	Moyenne de [Cu]= 75.45 mg /l	Moyenne de [Cu]= 0.07545 mg /l
36	DBO_5	DBO5
39	Les résultats des analyses (Conductivité, Chlorures, DCO ,MES) des eaux prélevées à partir du canal de rejet sont en dessous des normes internationales ([DCO= 120 mg/l], [MES= 35 mg /l])	Les résultats des analyses (Conductivité, Chlorures, DCO ,MES) des eaux prélevées à partir du canal de rejet sont en dessus des normes internationales ([DCO= 120 mg/l], ([MES= 35 mg /l])
40	PH	pH
79	2.5 ≤ Y ≤ 5 : L'épuration nécessite soit un traitement physico-chimique dans l'eau résiduaire.	2.5 ≤ Y ≤ 5 : L'épuration nécessite soit un traitement chimique soit un apport de micro-organismes spécifiques à l'élement chimique dominant dans l'eau résiduaire.
106	PFE d'Ingéniorat spécialisé en HSE	Mémoire de fin d'études d'Ingéniorat spécialisé en HSE
108	Archives du complexe GL4 /Z	Archives Manuels Diapositives d'Exploitation

Liste des Tableaux

Liste des Tableaux

CHAPITRE I : GENERALITES SUR LA POLLUTION

Tableau I-1 : Différents types de polluants…………………………………....23

Tableau I-2 : Les Types d'Effluents……………………………………......27

CHAPITRE III :

RESEAUX DE COLLECTE DES EAUX USEES

Tableau III-1 : Les sources de pollution au niveau des unités 10 et 20……………………………………………………......35

Tableau III-2 : liste des Produits chimiques utilisés à GL4/Z……………………………………………………...........36

Tableau III-3 : les différents points de collecte des eaux usées sanitaire………………………………………………………......39

Tableau III-4 : Alimentation EDM des dessaleurs………………………….....41

Tableau III-5 : Emplacement des déshuileurs……………………………….42

CHAPITRE IV :

ANALYSE ET INTERPRETATION DES RESULTATS

Tableau IV-1 : Caractéristiques de l'eau de rinçage (eau déminéralisée)……………………………………………………….....52

Tableau IV-2 : analyse physico-chimique d'EDM au poste N°1………………………………………………………………......53

Tableau IV-3 : analyse physico-chimique d'EDM au poste N°2……………………………………………………………….....53

Tableau IV-4 : analyse physico-chimique des eaux sanitaires à P3e..60

Tableau IV-5 : analyse physico-chimique des eaux sanitaires à P3s..68

Tableau IV-6 : Taux d'élimination (DCO, DBO, MES)..73

Tableau IV-7 : analyse physico-chimique des eaux contaminées (P4)..73

Liste des Figures

Liste des Figures

CHAPITRE I : GENERALITES SUR LA POLLUTION

Figure I-1 : La Baie d'Arzew……………………………………………...........29

CHAPITRE III : RESEAUX DE COLLECTE DES EAUX USEES

Figure III-1 : Différents réseaux de collecte d'effluents liquides…………………38

Figure III-2 : types de Déshuileurs API à chicanes……………………………..43

CHAPITRE IV : ANALYSE ET INTERPRETATION DES RESULTATS

Figure IV-1 : Alimentation EDM du complexe GL4/Z…………………………..46

Figure IV-2 : Alimentation EDM et les rejets de l'unité de traitement de gaz..47

Figure IV-3 : Alimentation EDM d'une unité de liquéfaction et les différents rejets……………………………………………………...48

Figure IV-4 : Alimentation EDM et les différents rejets de l'unité 30……………………………………………………………………49

Figure IV-5 : Points de Prélèvement des échantillons………………………….....51

Figure IV-6 : Variation de la Température de l'EDM…………………………………………………………………………..54

Figure IV-7 :   Variation du pH…………………………………………………….55

Figure IV-8 :   Variation de la Conductivité……………………………………..55

Figure IV-9 :   Variation de la DCO…………………………………………….....56

Figure IV-10 :   Variation de la DBO5……………………………………………...57

Figure IV-11 :   Variation de la quantité de M.E.S……………………………......57

Figure IV-12 :   Variation de la teneur en Fer…………………………………….58

Figure IV-13 :   Variation de la teneur en Cuivre……………………………………..59

Figure IV-14 :   Variation du pH…………………………………………………….61

Figure IV-15 :   Variation de la Conductivité………………………………….61

Figure IV-16 :   Variation de la teneur en chlorures………………………………..62

Figure IV-17 :   Variation de la DCO…………………………………………...62

Figure IV-18 :   Variation de la DBO5………………………………………………..63

Figure IV-19 :   Variation de la quantité de M.E.S……………………………………64

Figure IV-20 :   Variation de la teneur en hydrocarbures…………………………..64

Figure IV-21 :   Variation de la teneur en phosphates (PO_4)………………………65

Figure IV-22 :   Variation de la teneur en ion ammonium (NH_4^+)………………..66

Figure IV-23 : Variation de la teneur en Fer…………………………………………..66

Figure IV-24 :   Variation du pH…………………………………………………...68

Figure IV-25 :   Variation de la Conductivité……………………………............69

Figure IV-26 :   Variation de la teneur en chlorures (Cl^-)…………………………..70

Figure IV-27 :   Variation de la DCO……………………………………………....71

Figure IV-29 :   Variation de la DBO5……………………………………………….71

Figure IV-30 :   Variation de la quantité de M.E.S……………………………………72

CHAPITRE V : STATIONS D'EPURATION

Figure V-1 :   Principe de fonctionnement d'un décanteur……………………………79

Figure V -2 : Coagulation- Floculation……………………………………….....80

Figure V-3 : Traitement des boues……………………………………………….82

Figure V-4 : Lagunage naturel……………………………………………………..83

Figure V-5 : Principe de fonctionnement d'un disque biologique…………………83

Figure V- 6 : Principe de fonctionnement d'un lit bactérien……………………….84

TABLE DES MATIERES

TABLE DES MATIERES

INTRODUCTION GENERALE..18

CHAPITRE I : GENERALITES SUR LA POLLUTION

I-1   INTRODUCTION...21

I-2   LA POLLUTION..21

I-3   DIFFERENTS TYPES DE POLLUTION.......................................22

I-3-1   *Pollution Physique*...22

I-3-2   *Pollution Chimique*..22

I-3-3   *Pollution Microbiologique par les micro-organismes*...................22

I-3-4   *Pollution Thermique* 22

I-3-5   *Pollution par les Hydrocarbures*..22

I-3-6   *Pollution d'origine industrielle*...22

I-3-7   *Pollution due à des rayonnemnts radioactifs*..............................23

I-4   DIFFERENTS TYPES DE POLLUANTS......................................23

I-5   LES POLLUANTS D'ORIGINE INDUSTRIELLE..........................24

I-5-1   *Les Matières en Suspension (MES)* 24

I-5-2   *Matières Organiques ou Oxydables (MO)* 25

I-6   PARAMETRES DES EAUX RESIDUAIRES................................26

I-6-1   *Différents Types d'Effluents*............................. 27

I-6-2 *Paramètres Physiques des Effluents*..27

I-6-3 *Paramètres chimiques des Effluents*..28

I-6-3-1 *La Demande Biochimique en Oxygène (DBO)* 28

I-6-3-2 *La Demande Chimique en Oxygène (DCO)*................................28

I-7 POLLUTION DE L'EAU DE MER 28

CHAPITRE II : PROBLEMATIQUE

II. PROBLEMATIQUE...32

CHAPITRE III : RESEAUX DE COLLECTE DES EAUX USEES

III-1 INTRODUCTION...34

III-2 ORIGINE DES EAUX USEES 34

III-2-1 *Rejets des eaux de refroidissement*...34

III-2-2 *Rejets des eaux sanitaires* 34

III-2-3 *Rejets des eaux pluviales et nettoyage* 34

III-2-4 *Rejets des saumures des dessaleurs et des purges des chaudières* 35

III-2-5 *Eaux contaminées au niveau des unités 10 et 20* 35

III-2-6 *Produits utilisés dans le complexe GL4/Z* 36

III-3 RESEAU DE COLLECTE DES EAUX USEES 37

III-3-1 *Différents réseaux de collecte*...37

III-3-2 *Points de collecte des eaux usées*..39

III-3-2-1 *Réseaux de retour des eaux de refroidissement*............................40

III-3-2-2	*Réseau des eaux de nettoyage*	40
III-3-2-3	*Réseaux des eaux usées domestiques*	41
III-3-2-4	*Réseaux des saumures des dessaleurs et des purges des chaudières*	41
III-3-2-5	*Caractéristiques des dessaleurs*	41
III-3-2-6	*Emplacement des déshuileurs et leurs débits*	42
III-3-2-7	*Rôle des déshuileurs*	42

CHAPITRE IV :

ANALYSES ET INTERPRETATIONS DES RESULTATS

IV-1 INTRODUCTION...45

IV-2 LE RESEAU EDM DU COMPLEXE GL4/Z...........................46

IV-3 ROLE DE L'EDM..47

IV-4 DESCRIPTION DU RESEAU EDM..50

IV-5 ECHANTILLONNAGE..50

   IV-5-1 Analyse et interprétation des résultats...................................52

            Interprétation des résultats au poste P2.............................59

            Interprétation des résultats au poste P3e............................67

            Interprétation des résultats au poste P3s............................73

            Interprétation des résultats au poste P4.............................73

CHAPITRE V : LES STATIONS D'EPURATION

V-1 GENERALITES SUR LES STATIONS D'EPURATION....................76

V-2 LES PRETRAITEMENTS..76

V-2-1 Dégrillage 76

V-2-2 Dessablage 77

V-2-2-1 Différents types de dessaleurs..77

V-2-2-1-1 Dessableurs circulaires..77

V-2-2-1-2 Dessableurs rectangulaires aérées......................................77

V-2-2-1-2-1 Hudrocyclone..77

V-2-3   Dégraissage et déshuilage 78

V-3 TRAITEMENT PRIMAIRE.... 78

V-3-1 La décantation...78
V-3-2 Traitement physico-chimique (coagulation-floculation).....................79

V-3-2-1 La floculation 80
V-4 TRAITEMENT SECONDAIRE...81
V-4-1 Les boues activées 81
V-4-2 Le lagunage..... 82
V-4-3 Le disque biologique 83
V-4-4 Le lit bactérien..84
V-5 TRAITEMENT TERTIAIRE..84

RECOMMANDATIONS ET CONCLUSIONS

RECOMMANDATIONS ET CONCLUSIONS 86

ANNEXE
ANNEXES..90

BIBLIOGRAPHIE

BIBLIOGRAPHIE 131

INTRODUCTION GENERALE

INTRODUCTION GENERALE

Les besoins croissants de l'homme moderne ont entraîné un développement effréné de l'industrie qui ne cesse de générer des produits en qualité incompatible avec un développement naturel des espèces vivantes. Les déchets générés par l'industrie ont créé des conditions très critiques et perturbent l'environnement, ce qui a obligé les états à établir des lois concernant les rejets de ces résidus. L'industrie des hydrocarbures génère une quantité de produits qui ne sont pas conformes avec les normes environnementatles dont une grande partie se trouve dans les effluents liquides.

Pour la mise en place d'un système de management environnemental (SME), notre travail consiste à prendre en charge les aspects environnementaux dont la gestion des rejets des effluents liquides comme ceux issus :

- des unités de traitement et de liquéfaction du gaz naturel
- des eaux sanitaires dans le complexe GL4/Z
- des eaux de nettoyage et des eaux pluviales et autres.

Dans le cadre du développement durable, le chapitre 2 de la loi N° 3-10 du 19 Juillet 2003 relative à la protection de l'environnement, stipule que tous les déchets (liquides, gazeux ou solides) doivent être définis quantitativement et qualitativement, en vue d'améliorer la gestion de leurs rejets et la réduction optimale de la charge polluante pour qu'elle soit dans les normes algériennes de rejets. **(Voir annexe 1)**

Dans ce travail, nous nous sommes intéressés à l'analyse au contrôle des rejets liquides en vue d'appliquer la norme ISO 14001 d'installation d'une station d'épuration des eaux de rejet (STEP).

L'environnement est l'ensemble des caractéristiques physiques, chimiques et biologiques des écosystèmes plus ou moins modifiées par l'action de l'homme. Les sciences de l'environnement étudient les conséquences de ces modifications sur les plantes, les animaux et l'homme aussi bien à l'échelle de l'individu ou de l'écosystème que de toute la biosphère. **[1]**

Le mot « Environnement » s'est substitué au mot « milieu ».

Notre travail comporte cinq chapitres :

- Introduction Générale

- Liste des Abréviations

Chapitre I :   Généralités sur la pollution

Chapitre II   : Problématique

Chapitre III :   Réseaux de collecte des eaux usées

Chapitre IV : Analyse et Interprétations des résultats

Chapitre V : Les Stations d'épurations

- Recommandations et Conclusions

-Annexe

- Bibliograhie

CHAPITRE I
GENERALITES SUR LA POLLUTION

GENERALITES SUR LA POLLUTION

I-1 INTRODUCTION

Les activités industrielles génèrent en continu, le plus souvent et selon les types de fabrication, des rejets polluants.

Les eaux résiduaires d'origine industrielle ont généralement une composition plus spécifique et directement liée au type d'industrie considérée. Selon la nature ou l'importance de la pollution, différents procédés peuvent être mis en œuvre pour l'analyse et traitement des rejets industriels en fonction des caractéristiques spécifiques de ces derniers et du degré d'épuration désiré. La finalité du traitement des eaux résiduaires industrielles est essentiellement liée à la protection du milieu naturel et dans certain cas à la récupération, au recyclage et la réutilisation des eaux traitées.

La norme Algérienne de rejet est souvent dépassée pour la majorité des effluents industriels. Concernant le secteur pétrolier, des eaux polluées par les hydrocarbures sont souvent rejetées directement en milieu récepteur provoquant de graves problèmes à l'environnement.

I-2 LA POLLUTION [2]

La pollution est l'ensemble des rejets de composés toxiques que l'homme libère dans l'atmosphère mais aussi des substances qui sans être dangereuses pour les organismes exercent une influence perturbatrice sur l'environnement.

De nos jours, la pollution est un problème que confrontent les pays développés, elle a une relation directe avec les moyens de développement, l'homme contribua à l'évolution technologique à travers la science qui évolue pour conquérir les moyens de vie moderne et sans peine sauf que cette évolution technologique a un effet néfaste sur l'environnement qui peut aller jusqu'à la vie de l'être humain.

La pollution de l'environnement ne se limite pas dans la pollution atmosphérique par des industries qui dégagent tous les genres de gaz et la propagation des gaz toxiques ainsi que la pollution nucléaire, les produits qui diffractent aussi avec les déchets et rejets des eaux usées dans les mers, les rivières et les cours d'eau.

Toute cette pollution engendre une autre pollution par les bactéries et virus pathogènes qui est considérée comme la pollution la plus dangereuse pour la santé humaine ainsi que la vie sur terre en général.

I-3 DIFFERENTS TYPES DE POLLUTION [3]

I-3-1 Pollution Physique

La pollution physique est causée par la turbidité, la couleur, le pH.

I-3-2 Pollution Chimique

On regroupe dans cette catégorie l'ensemble des effets toxiques dus à la présence de composants organiques ou minéraux d'origine industrielle.
Parmi les substances responsables :
- Les métaux lourds (Cu, C_O, Zn etc...).
- les organométalliques (éthyl-mercure, phényl-mercure etc..).
- les organochlorés (pesticides etc..).

I-3-3 Pollution Microbiologique par les micro-organismes (bactéries pathogènes, virus etc..)

Il y a pollution dès que les charges organiques deviennent supérieures à la capacité de recyclage du milieu marin et conduit à un phénomène d'eutrophisation donc une pollution secondaire.

I-3-4 Pollution Thermique

On range dans cette catégorie les rejets des eaux chaudes provenant surtout du refroidissement des installations de certaines industries.

I-3-5 Pollution par les Hydrocarbures

On regroupe dans cette catégorie tout rejet de pétrole brut et ses dérivés (Essence, kérosène, huile etc....)

I-3-6 Pollution d'origine industrielle

On regroupe dans cette catégorie tout les rejets des effluents liquides industriels.

I-3-7 Pollution due à des rayonnements radioactifs

La radioactivité est la propriété d'un noyau atomique de se transformer spontanément en noyau d'un autre élément en émettant lors de cette transformations un rayonnement (rayon X ou Gamma) ou une particule (alpha ou bêta).

Il se peut qu'il faible plusieurs transformations avant d'arriver à un noyau stable, on parle alors de chaîne de désintégration.

I-4 DIFFERENTS TYPES DE POLLUANTS

Tableau I-1 : Différents types de polluants [4]

Type de pollution	Nature	Source
Thermique	Rejet d'eau chaude	Centrale électrique
radioactive	Radio-isotope	Installation nucléaire
Fertilisants	Nitrates, phosphates	Agriculture, lessives
Métaux	Hg, Cd, Pb, Al, Ca, As …	Industrie, agriculture, combustion

Tableau I-1 : Différents types de polluants (suite)

Pesticides	Insecticides, herbicides	Industrie, agriculture

Tableau I-1 : Différents types de polluants (suite)

Détersifs	Agents tensio-actifs	Effluents domestiques
Hydrocarbures	Pétrole brut et derives	industrie pétrolière, transport
Organiques fermentescibles	Glucides, protides, lipides	Effluents domestiques Agricole,
Pesticides	Insecticides, fongicides, herbicides	Industrie, agriculture

I-5 LES POLLUANTS D'ORIGINE INDUSTRIELLE

I-5-1 Les Matières en Suspension (MES)

La pollution d'une eau peut être associée à la présence d'objets flottants, de matières

grossières et de particules en suspension et en fonction de la taille de ces particules.
On distingue généralement :
- les matières grossières (décantables ou flottables),
- les matières en suspension (de nature organique ou minérale) qui sont des matières insolubles, particules solides très fines et généralement visibles à l'œil nu.

Elles déterminent la turbidité de l'eau. Cette pollution particulaire est à l'origine de nombreux problèmes comme ceux liés au dépôt de matières, à leur capacité d'adsorption physico-chimique ou aux phénomènes de détérioration du matériel (bouchage, abrasion).
Leur principal effet est de troubler l'eau diminuant ainsi le rayonnement lumineux indispensable pour une bonne croissance des végétaux au fond des cours d'eau : c'est la turbidité :

Unité de mesure des MES : **mg / litre**

Valeur limite de rejet pour les ICPE soumises à une autorisation
- 100 mg/l si le flux journalier maximal autorisé par l'arrêté n'excède pas 15 kg/j,
- 35 mg/l au delà.

Méthodes de mesure

Il existe deux méthodes normalisées d'analyse des MES :
- la méthode par filtration sur filtre en fibres de verre (NF EN 872),
- la méthode par centrifugation (NF T 90-105-2).

Il est très difficile de mesurer les MES en continu. En conséquence, la méthode la plus utilisée est la mesure de la turbidité (NF EN ISO 7027). Elle consiste en une mesure de la réduction de l'intensité lumineuse d'un rayon traversant un liquide contenant des matières en suspension. L'unité de mesure de la turbidité est l'unité néphélométrique (NTU).

I-5-2 Matières Organiques ou Oxydables (MO)

La matière organique est présente sous forme solide et sous forme dissoute.- Sous forme solide elle constitue une partie des matières en suspension (MES) , elle est composée d'atomes de carbone associés à d'autres éléments principalement l'hydrogène , l'oxygène et l'azote .

Les composés organiques peuvent être naturels ou synthétiques, ils se décomposent par voie biologique suivant des cinétiques variables .Les produits de dégradation génèrent des composés intermédiaires éventuellement toxiques. La plupart des matières organiques ne deviennent polluantes que lorsqu'elles se trouvent en excès dans le milieu . On distingue

-les matières organiques biodégradables qui se décomposent dans le milieu naturel
- les matières organiques non biodégradables (hydrocarbures)
De nombreux micro polluants organiques d'origine industrielle ou urbaine affectent la qualité des cours d'eau . Ils traversent les stations d'épuration sans etre altérés et résistent à l'auto épuration et se trouvent à l'état de traces dans les rivières.

Outre la réduction d'oxygène dissous que les micro polluants entrainent certains confèrent aux eaux de consommation des propriétés irritantes parfois toxiques ainsi qu'une odeur et un gout désagréable.

Ces micro polluants peuvent avoir une action nuisible sur la flore bactérienne et géner sinon empécher le bon fonctionnement des stations d'épuration . Au stade ultime de décomposition, la matière organique est transformée en nutriments :
azote , phosphore et gaz carbonique
Ils sont conventionnellement classés en trois familles :
-les glucides
-les lipides
-les protéines
La matière organique présente dans l'eau provient de diverses sources :
- Rejets domestiques et urbains
- Rejets industriels
- Décomposition d'animaux et de végétaux morts
- Activités agricoles (épandage , fongicides ,pesticides, herbicides)
La quantité de matière organique peut être évaluée par la mesure de la demande biochimique en oxygène (DBO)
Méthode et Calcul

$$M.O = (2\ DBO5 + DCO) / 3$$

I-6 PARAMETRES DES EAUX RESIDUAIRES

Les effluents sont les volumes d'eaux usées qui parviennent aux stations de traitement. On distingue différents types d'effluents.

I-6-1 Différents Types d'Effluents

Tableau I-2 : Les Types d'Effluents

Type d'effluent	Mat. sèche (mg/l)	MES (mg/l)	DBO5 (mg/l)	DCO (mg/l)
Fort	1200	350	300	1000
Moyen	700	200	200	500
Faible	350	100	100	250

.I-6-2 Paramètres Physiques des Effluents

- la couleur de l'effluent
- le pH

Il permet de déterminer la concentration des ions H_3O^+ contenus dans une solution.
Le pH-mètre est l'appareil utilisé pour mesurer le pH, il mesure la différence de potentiel existant entre deux électrodes immergées dans une solution

- La conductivité

La conductivité électrique est le passage de courant généré par le déplacement d'ions à travers un électrolyte

- la température

C'est un paramètre important pour la solubilité des gaz et des solides dans les liquides .La température est mesurée avec un thermomètre.

la turbidité
- la charge pondérale des effluents
- les matières en suspension (MES)
- les matières volatiles en suspension (MVS)

I-6-3 Paramètres chimiques des Effluents

I-6-3-1 *La Demande Biochimique en Oxygène* **(DBO)** **[5]**

La DBO représente la quantité d'oxygène qu'il faut fournir à un échantillon d'eau pour minéraliser par voie biochimique (oxydation bactérienne) la matière organique biodégradable. La mesure la plus couramment utilisée est celle de la DBO5 retenue par la Direction Européenne du 21 mai . (Norme AFNOR NFT.90.103)

La DBO5 corresponds à la demande biochimique en oxygène après cinq jours d'incubation de l'échantillon à une température de 20°C .
Elle est utilisée :
-Soit pour quantifier la charge polluante organique de l'eau
-soit pour évaluer l'intensité du traitement nécessaire à l'épuration d'un rejet par un procédé biologique.

I-6-3-2 *La Demande Chimique en Oxygène* **(DCO)**

Elle correspond à la quantité d'oxygène qui a été consommée par voie chimique présente dans un échantillon d'un litre d'eau (**voir Annexe 3**)

I-7 POLLUTION DE L'EAU DE MER

La zone littorale d'Arzew est soumise à une intense activité industrielle et humaine, elle reçoit annuellement une quantité considérable de rejets industriels et domestiques et des quantités inestimables charriés par les eaux pluviales.
Environ 30% du transport mondial des hydrocarbures effectué par les navires citernes emprunte la mer méditerranée. Ces navires constituent l'une des principales causes de pollution .

Figure I-1 : LA Baie d'Arzew

Les rejets annuels dans la mer méditerranée sont estimés à un million de tonnes, quantité qui équivaut au quart du rejet mondial ce qui est considérable et représente un danger réel pour la faune et la flore aquatique menaçant ainsi certaines espèces de disparition comme par exemple le phoque noir.

Généralement presque tous les polluants rejetés dans la nature aboutissent dans le milieu marin. La pollution d'origine tellurique représente plus de 70% de la pollution marine, tandis que le transport maritime ne représente que 10% de la pollution. Les contaminants qui menacent le plus le milieu marin sont à des proportions et concentrations qui varient selon la situation des pays ou régions. **[6]**

En ce sens ces différents polluants combinent toxicité, persistance et bioaccumulation dans la chaîne alimentaire.

Dans un écosystème, les êtres vivants utilisent pour ce développé les ressources du milieu et présentent entre eux de nombreuses relations, le plus souvent de nature trophique, c'est-à-dire alimentaire ,chaque organisme est un maillon qui constitue une chaîne alimentaire débute toujours par des végétaux chlorophylliens, qui sont des prédateurs primaires : ils sont capable d'utiliser les substances minérales (dioxyde de carbone, nitrates …) pour fabriquer par photosynthèses leur matière organique.

CHAPITRE II
PROBLEMATIQUE

PROBLEMATIQUE

Vu l'implantation de la zone industrielle d'Arzew dans le littoral ouest de l'Algérie , le complexe GL4/Z utilise un débit d'eau de mer considérable de 32200m^3/h dont la plus grande partie est utilisée pour le refroidissement et le reste pour la production d'eau distillée (dessalement eau de mer) et une consommation en eau potable de 260 m^3 /jour desservie par l'entreprise KAHRAMA entraînant ainsi un rejet considérable d' eau usée non traitée contenant des matières toxiques et évacuée vers la mer polluant l'écosystème marin. [7]

Actuellement avec l'avènement de nouvelles lois sur la protection de l'environnement , les grandes entreprises comme la Sonatrach se sont engagées à se conformer aux dispositions légales et réglementaires en matière d'environnement.
Le complexe GL4/Z en tant qu'unité de la Sonatrach utilise depuis sa construction en 1963 le procédé de liquéfaction du gaz naturel par cascade classique en utilisant 03 fluides frigorigènes : propane, éthylène, méthane. **(voir chapitre I)**

A travers ce modeste travail nous avons essayé de traiter un sujet d'actualité qui concerne la nouvelle politique de réduction des atteintes à l'environnement et recommander un engagement pour l'intégration dans la gestion globale des rejets liquides, un système de management environnemental (SME) selon la norme ISO 14001.

Dans ce contexte notre travail consiste à :
- Analyser l'état des lieux du complexe GL4/Z en matière de gestion des eaux usées.
- Étudier les réseaux d'assainissement existants.
- Évaluer la pollution des différents rejets liquides au niveau du complexe :
a) Réseaux de retour des eaux de refroidissement
b) Réseau des eaux huileuses (contaminées)
c) Réseaux des eaux usées domestiques
d) Réseaux des eaux pluviales
f) Effectuer un bilan en matière de l'épuration des eaux usées.
Et enfin recommander des traitements adéquats afin d' éviter la pollution du milieu aquatique. .

CHAPITRE III
RESEAUX DE COLLECTE DES EAUX USEES

RESEAUX DE COLLECTE DES EAUX USEES

III-1 INTRODUCTION

L'environnement et les équilibres naturels sont à la base du développement social et humain.

Dans ce cadre et pour une vraie stratégie de développement durable de l'environnement dans son double aspect, on doit rassembler nos efforts pour la gestion des ressources naturelles et la valorisation des différents rejets.

Un effluent industriel est l'ensemble des eaux résiduaires industrielles dont la composition est déterminée à travers des paramètres physico-chimiques ou biologiques globaux (phosphore lourd, M.E.S, DCO , DBO_5, azote global, carbone organique etc.) ou spécifiques tels que la température , le pH ,ou bien la teneur en certains éléments chimiques dont la connaissance présente un intérêt particulier   (**voir annexe 3**)

III-2 ORIGINE DES EAUX USEES   [8]

III-2-1   Rejets des eaux de refroidissement

Les rejets des eaux de refroidissement, au niveau des unités de liquéfaction (U20) et de la zone de traitement du gaz (U10), sont connectés aux réseaux de retour des eaux de refroidissement pour être acheminés vers le canal de rejet.

III-2-2   Rejets des eaux sanitaires

Les rejets des eaux sanitaires sont collectés par deux réseaux séparés alimentant des fosses de décantation puis dirigées vers le canal de rejet EDM. Les eaux usées provenant d'autres structures temporaires sont collectées soit dans des fosses de vidange soit dans des fosses sceptiques.

III-2-3   Rejets des eaux pluviales et de nettoyage

Les eaux de pluie et les eaux de lavage des zones de chargement et de déchargement de produits et de matières premières, sont contaminées par des fuites d'huile et de produits comme le Mono-Ethanol-Amine (MEA) et le Di-Ethylène-Glycol (DEG).

Ces eaux sont collectées par des avaloires et acheminées par l'intermédiaire des caniveaux vers les déshuileurs placés dans toutes les unités (10, 20 et 30) pour séparer la phase huileuse de l'eau.

Les eaux pluviales non contaminées dans les unités sont évacuées avec le retour des eaux de refroidissement. Les eaux pluviales des toitures des bâtiments sont évacuées directement vers la deuxième cellule de la fosse de décantation des eaux usées des sanitaires, tandis que les eaux de surfaces sont dirigées vers le retour des eaux de refroidissement de l'unité 21

III-2-4 Rejets des saumures des dessaleurs et des purges de chaudières

Le débit rejeté des saumures provenant des dessaleurs est de 66% par rapport au débit d'alimentation en EDM de chaque bouilleur.
Par contre le débit de purges évacué de chaque chaudière est de 2% par rapport à sa charge.

Les rejets liquides, au niveau du complexe GL4/Z, déversent dans le canal de rejet et sont directement évacués à la mer

III-2-5 Eaux contaminées au niveau des unités 10 et 20

Tableau III-1 : Les sources de pollution au niveau des unités 10 et 20.

Zone	Nature des eaux	origine	Débit (m^3/h)	traitement
Unité 10	Eaux contaminés	Eaux (nettoyage et pluviales)	25	Déshuileur
Unité 20	Eaux contaminés	Eaux (nettoyage et pluviales)	25	Déshuileur

III-2-6 Produits chimiques utilisés à GL4/Z

Tableau III-2 : liste des Produits chimiques utilisés à GL4/Z

Produit	Fonction	Utilisation	Observation
TILLIA 233 (Fut)	Lubrification	K20/K54	Utilisation mensuelle
TORBA 68 (Fut)	Lubrification	Turbine U20	Utilisation mensuelle
TILLIA 255 (Fut)	Lubrification	K2005	Utilisation mensuelle
MEA (Fut)	Absorbant du CO_2	C1201	Utilisation mensuelle
DEG (Fut)	Absorbant du H_2O	C 1301	Utilisation mensuelle
METHANOL	Dégivrage	/	Selon la demande
TORADA 68 (Litre)	Lubrification	K5201 C/D	Consommation du mois de Mai
TASSILA (Litre)	Lubrification	Bras de chargement	Utilisation mensuelle
PHOSPHATE (Kg)	Maintenir le pH	Chaudières	Consommation mensuelle
KEMAZUR (Litre) (Polyphosphanates)	Anti-tartre	Dessaleurs	Consommation mensuelle
POLARIS NALCO 8539 (Litre)	Maintenir le pH	B4312 (Eaux de refroidissement des K43), B3107 (Pompes alimentaires des chaudières).	Consommation mensuelle
K3430 NALCO 72120 (Litre)	Réducteur de CO_2	Dégazeur	Consommation mensuelle
K3344 NALCO 1800 (Litre)	Réducteur d'O_2	Dégazeur	Consommation mensuelle
TORBA 32 (Litre)	Lubrification	PD 4202 A/B	Consommation du mois de Mars

TORBA 46 (Litre)	Lubrification	TAV	Consommation du mois de Janvier et Mars
CHIFFA 40 (Litre)	Lubrification	K5201 A/B	Consommation du mois de Février et d'Avril
SOUDE CAUSTIQUE (Kg)	Neutralisant	Régénération ballons déminéralisations	Consommation mensuelle
ACIDE SULFIRIQUE (Kg)	Neutralisant	Régénération ballons déminéralisations	Consommation mensuelle
ACIDE SULFAMIQUE (PS 12)	Lessivage des dessaleurs	Dessaleurs	Une à deux fois par année
Na3PO4, Na2CO3, Détergent (Teldj)	Lessivage des chaudières	Chaudières	Tous les cinq ans
TILLIA 233 (Fut)	Lubrification	K20/K54	Utilisation mensuelle

III-3 RESEAU DE COLLECTE DES EAUX USEES

Le réseau de collecte des eaux usées rassemble toutes les eaux de refroidissement des zones de traitement du gaz et de fabrication, les eaux sanitaires, les eaux de purges, les eaux de nettoyage et les eaux pluviales et déverse vers le canal de rejet d'eau de mer

III-3-1 Différents réseaux de collecte

- Réseaux de retour des eaux de refroidissement
- Réseau des eaux usées sanitaires
- Réseaux des eaux pluviales
- Réseau des saumures des dessaleurs et des purges de chaudières
- Réseau des eaux contaminées

Chapitre III   *Réseau de collecte des eaux usées*

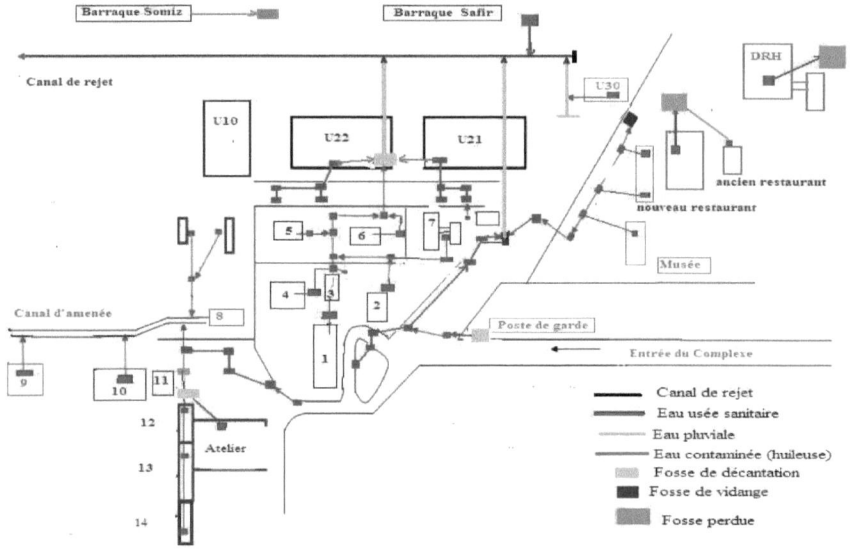

Figure III-1 : Différents réseaux de collecte d'effluents liquides

1 : bâtiment administratif
2 : S.d.C DCS
3 : salle de relex
4 : département technique et informatique
5 : laboratoire
6 : ancienne salle de contrôle
7 : travaux neufs
8 : pomperie
9 : S.d. C terminal

10 : poste de douane

11 : poste de garde

12 : infirmerie

13 : service intervention

14 : moyens généraux

III-3-2 Points de collecte des eaux usées

Tableau III-3 : les différents points de collecte des eaux usées sanitaire

Bâtiments	Points de collecte des eaux usées
ADM	Fosse de décantation puis vers le canal de rejet
Technique	
Sécurité (Prévention)	
Production	
Moyennes généraux	
Nouvelle salle de contrôle	
L'ancienne salle de contrôle	
Laboratoire	
DRH	Fosse perdue
Salle de sport	Fosse de vidange
L'ancien restaurant	
Nouveau restaurant	Fosse et avaloire eaux pluviales de l'unité U30
La salle d'exposition	
La maintenance	Fosse de décantation puis vers la pomperie eau de mer
L'infirmerie	

Service intervention	
Service moyens généraux	
Poste de garde P26	
Poste de garde principal	Fosse de décantation puis vers retour eaux de refroidissement U21
Central	Retour eaux de refroidissement U30
SOMIZ	Fosse perdue
SAFIR	Prévu vers le canal de rejet

III-3-2-1 Réseaux de retour des eaux de refroidissement

Un débit de 25296 m^3/h d'eau de mer à une température moyenne de 18°C assure la réfrigération puis ensuite il est évacué dans le canal de rejet à une température de 26°C constituant ainsi une eau de dilution des rejets des eaux usées. (**voir chapitre IV**)   Les eaux pluviales non contaminées dans les unités sont évacuées avec le retour des eaux de refroidissement: **une pollution thermique**

III-3-2-2 Réseau des eaux de nettoyage (huileuses)

Ce sont les eaux de nettoyage du sol des unités de traitement, de liquéfaction du gaz et des utilités. Les eaux pluviales contaminées par les huiles sont collectées par des avaloires et acheminées par l'intermédiaire des caniveaux vers des fosses de séparation munies de déshuileurs puis sont évacuées vers le canal de rejet .Chaque unité est dotée d'un déshuileur, implanté depuis le démarrage du complexe GL4/Z. Aucun déshuileur ne fonctionne : **une pollution chimique.**

III-3-2-3 Réseaux des eaux usées domestiques

Les eaux usées des sanitaires sont recueillies dans une fosse de décantation des matières solides, elle comporte deux cellules, la première pour la rétention de matières décantables, l'eau ainsi traitée passe dans la deuxième cellule pour rejoindre le retour des eaux de refroidissement. La deuxième cellule reçoit aussi les eaux pluviales provenant des toitures des bâtiments: **pollution physique et chimique**

Les fosses de décantation sont nettoyées lors de chaque arrêt général de l'usine (tous les trois ans) Certaines eaux usées domestiques sont collectées dans des fosses de vidange ou dans des fosses perdues (fosses sceptiques) qui sont nettoyées périodiquement tous les semestres.

III-3-2-4 Réseaux des saumures des dessaleurs et des purges des chaudières

Les réseaux des saumures des dessaleurs et des purges des chaudières sont reliés et déversent dans le réseau de retour des eaux de refroidissement. (**voir Figure VIII-3**)

III-3-2-5 Caractéristiques des dessaleurs

Tableau III-4 : Alimentation EDM des dessaleurs

	Débit EDM (m^3/h)	Débit de la saumure (m^3/h)	Production eau distillée (m^3/h)
E3119	60	40	20
E3120	60	40	20
E3121	180	120	60
E3122	300	200	100

III-3-2-6   Emplacement des déshuileurs et leurs débits

Tableau III-5 :   Emplacement des déshuileurs

DESHUILEUR	EMPLACEMENT	DEBIT m^3/h
S 2151	Unité 21	25
S 2251	Unité 22	25
S 2351	Unité 23	25
S 3001	Unité 30	30
S 6001	Unité 10	25
S 2601	Unité 10	10

III-3-2-7   Rôle des déshuileurs

Le système de déshuilage a pour principe la séparation de 2 phases Eau - huile La phase eau épurée est rejetée dans le canal de rejet par contre la phase huileuse est récupérée en tête de bassin et soumise à un traitement qui consiste à séparer par gravité la phase huileuse et les boues des effluents pour être traitées avant de les rejeter.   [9]

Actuellement la phase huileuse est évacuée vers le canal de rejet parce que les déshuileurs du complexe GL4/Z sont inopérants.

Le décret exécutif n°06-141 du 20 Rabie El Aouel 1427 correspondant au 19 Avril 2006 définissant les valeurs limites des rejets liquides industriels publié dans le journal officiel de la République Algérienne N°26:qui sont :

Huiles et graisses : 20 ppm ;

Hydrocarbures totaux : 10 ppm.

Figure III-2 : types de Déshuileurs API à chicanes

CHAPITRE IV
ANALYSE ET INTERPRETATION DES RESULTATS

ANALYSE ET INTERPRETATION DES RESULTATS

IV-1 INTRODUCTION

L'utilisation par le complexe GL4/Z d'une quantité considérable d'eau de mer (32200 m^3/h) pour le refroidissement des différents fluides et des huiles de lubrification d'une part et pour la production d'eau distillée pour alimenter les chaudières d'autre part et où vient s'ajouter une consommation journalière en eau potable de 260 m^3 qui est assurée par l'entreprise Kahrama pour un personnel de 562 permanents et 89 contractuels, génèrent un débit non négligeable de rejets liquides.

Le débit d'EDM de refroidissement des unités de liquéfaction constitue l'eau de dilution des différents rejets (**voir Chap. IV-1**), pour une analyse et un contrôle rigoureux des paramètres physico-chimiques de ces effluents doivent être effectués afin de préserver l'environnement.

Chapitre IV   *Analyse et interprétation des résultats*

IV-2 LE RESEAU EAU DE MER DU COMPLEXE GL4/Z

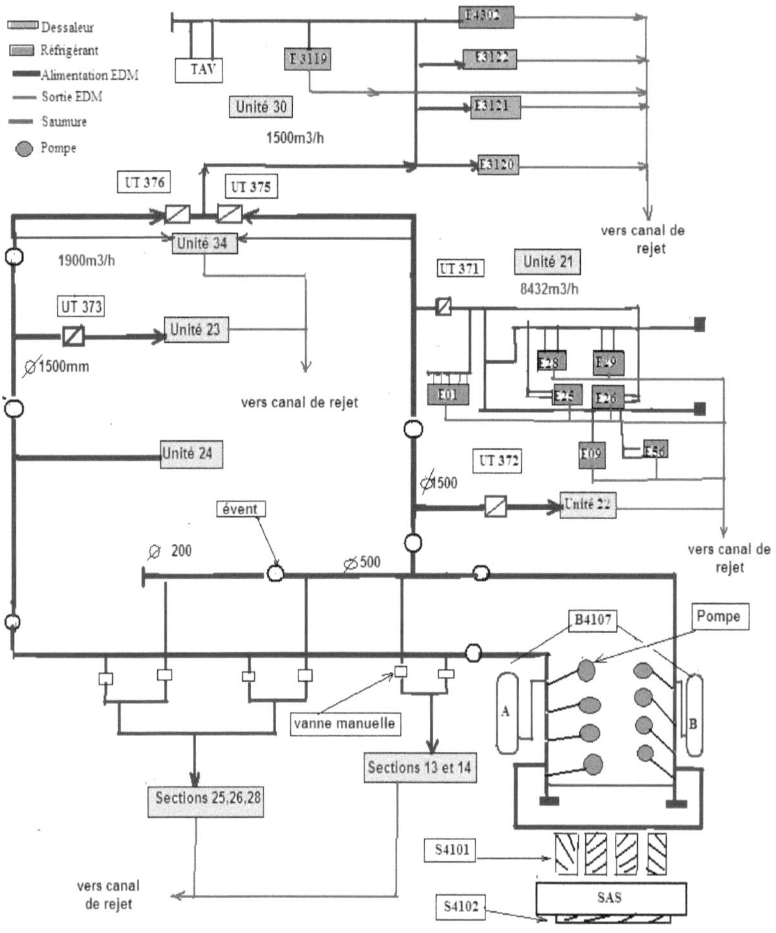

SAS : bassin d'EDM   S4102 : dégrilleur   S4101 : grilles de filtration

Figure IV-1 : Alimentation EDM du complexe GL4/Z

IV-3 ROLE DU RESEAU EDM [10]

Le réseau eau de mer (EDM) assure le refroidissement de :

- a) Unité de traitement du gaz et les unités de préparation des fluides frigorigènes (propane, éthylène et méthane). (U 25-26-28)

Débit EDM : 2200 m^3/h

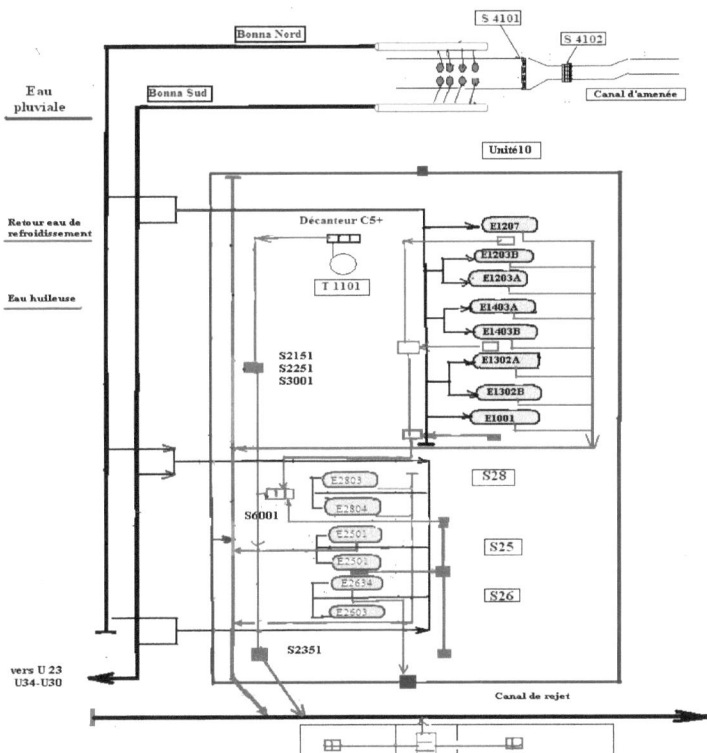

Figure IV-2 : Alimentation EDM et les rejets de l'unité de traitement de gaz

- b) des (03) unités de liquéfaction du gaz naturel

Débit EDM : 25300 m³/h

Ce débit sert à la dilution de toutes les eaux usées du complexe

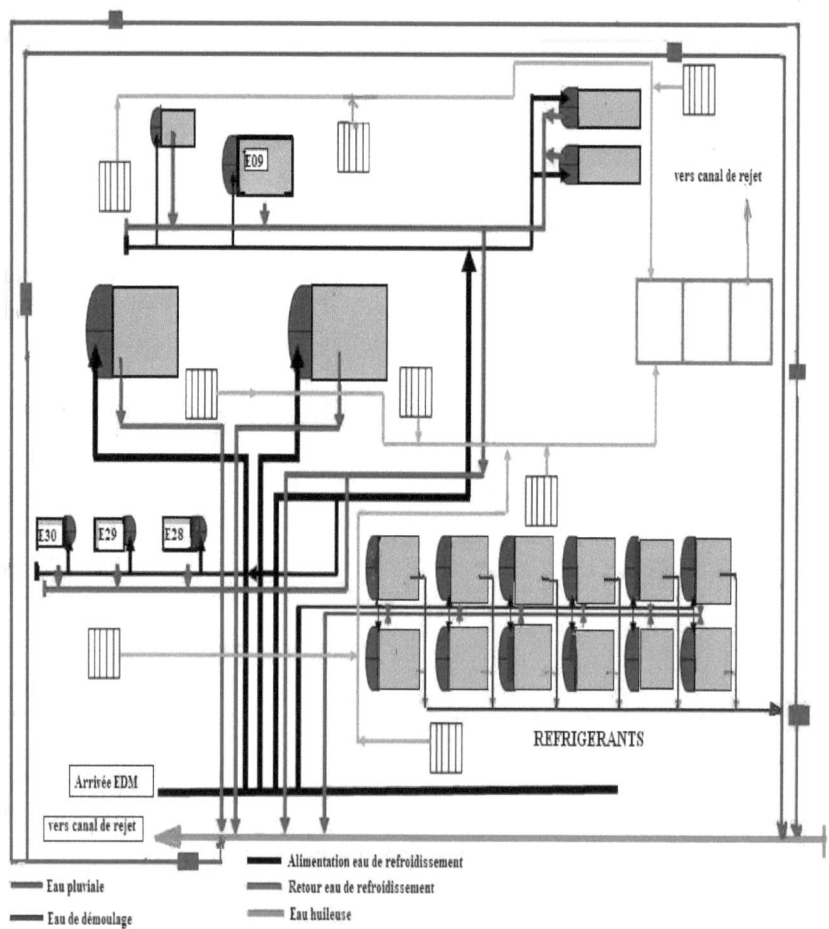

Figure IV-3 : Alimentation EDM d'une unité de liquéfaction et les différents rejets

En plus le réseau EDM alimente l'unité 30 qui assure la disponibilité des énergies utiles Vapeur, Electricité, Eau distillée, Air comprimé, nécessaires à l'autonomie du complexe.

Débit EDM : 1500 m^3/h

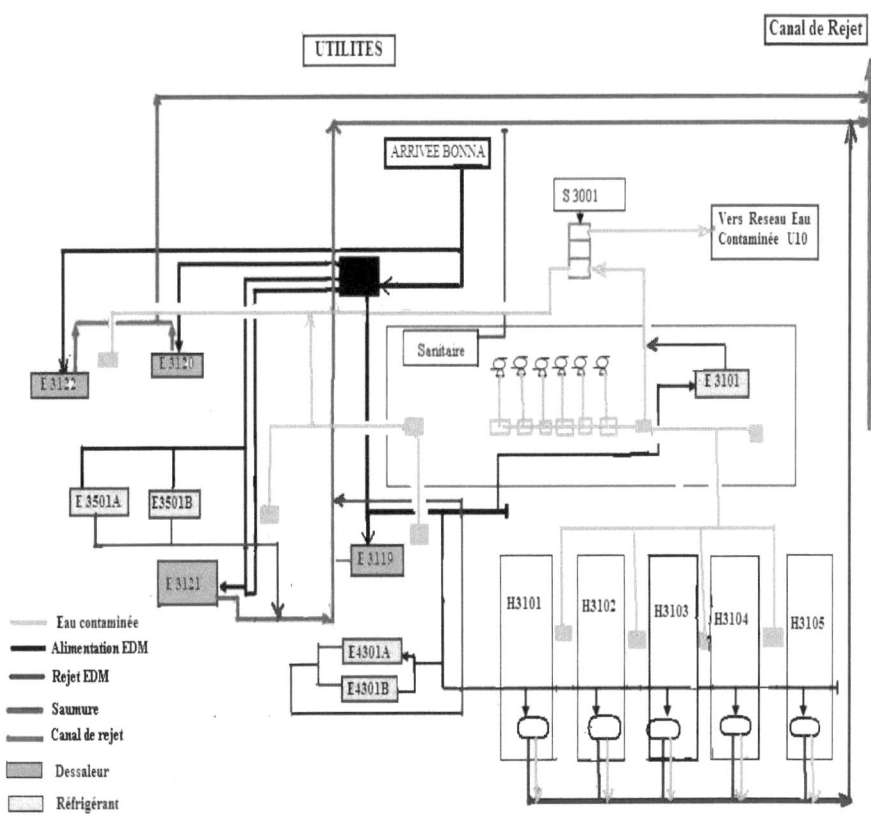

Figure IV-4 : Alimentation EDM et les différents rejets de l'unité 30

IV-4 DESCRIPTION DU RESEAU EDM [11]

Le réseau eau de mer est essentiellement composé de :

- Un canal d'amenée,
- Une grille de pré- filtration (dégrilleur : S4102)
- Un ensemble de grilles rotatives (filtration : S4101)
- Un ensemble de huit (08) électropompes verticales (PM4101)
- Un ensemble de prévention des coups de Bélier
- Deux (02) réseaux souterrains bouclés (Bonna Nord et Sud)
- Un canal de rejet

L'eau de mer est acheminée au bassin d'aspiration de la pomperie par un canal de 540m de long, 4m de large et 2.40m de profondeur. elle passe à travers un dé grilleur (S4102) pour la rétention d'éléments solides ou particulaires les plus grossiers susceptibles de gêner les traitements ultérieurs ou endommager les équipements puis elle est filtrée par grilles rotatives (S4101) (rétention des algues et les moules). **(voir Figure IV-1)**

Ensuite l'eau de mer est aspirée et refoulée par 08 motopompes verticales (P4101) dans les deux (02) réseaux souterrains bouclés .Le débit horaire de chaque pompe est de 4600m^3

Le débit d'eau de mer qui assure la réfrigération des 03 unités de liquéfaction du complexe est de 25296 m^3/h **(voir Figure IV-4)**

La température de l'eau de mer varie entre 17°C et 24°C.

IV-5 ECHANTILLONNAGE

L'échantillonnage s'est effectué aux points de prélèvement les plus représentatifs.

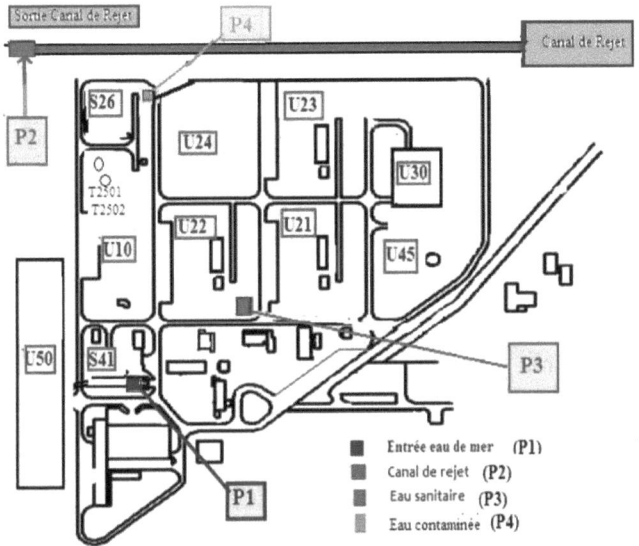

Figure IV-5 : Points de Prélèvement des échantillons

-Poste N°1 (P1) : Entrée EDM au complexe GL4/Z

-Poste N°2 (P2) : Sortie des effluents au niveau du canal de rejet regroupant :

- Les eaux contaminées (huileuses) (eaux de nettoyage et pluviales)
Les eaux usées sanitaires
Les eaux de refroidissement

- Poste N°3 (P3) est une fosse de décantation des eaux sanitaires provenant de :
ADM, T, I, P, RELEX, MG, Laboratoire, les deux salles de contrôle (ancienne et nouvelle),et le restaurant et il est constitué de :

P N°3 entrée (P3e) : est le point prélevé à partir de la première cellule (entrée de la fosse),P N°3 sortie (P3s) : est le point prélevé à partir de la deuxième cellule après décantation (sortie de la fosse)

Poste N°4 (P4) : correspond au point de collecte de l'ensemble des sorties des déshuileurs de l'usine et se trouve au niveau de l'unité de traitement du gaz (U10) à la section 26

L'échantillonnage a été effectué dans des bouteilles en verre rincées au préalable avec de l'eau déminéralisée dont les caractéristiques physiques sont mentionnées dans le tableau ci-dessous.

Tableau IV-1 : Caractéristiques de l'eau de rinçage (eau déminéralisée)

	Température (°C)	pH	Conductivité $\mu s / cm$	Cl^- (mg / l)
Eau déminéralisée	24	7,30	0,80	0,10

IV-5-1 Analyses et interprétation des résultats

Les analyses ont été effectuées dans les laboratoires de GL4/Z, GNL1/Z et RA1/Z
Les résultats d'analyse sont représentés sous forme de tableau et de graphes concernant :
- Le potentiel d'hydrogène (pH)
- La conductivité (Cond)
- Les matières en suspension (M.E.S)
- La demande chimique en oxygène (DCO)
- La demande biochimique en oxygène (DBO)
Pour les méthodes d'analyse utilisées **(voir annexe 3)**

Prélèvement au poste N°1

Tableau IV-2 : analyse physico-chimique d'EDM au poste N°1

Dates	T (°C)	pH	Cond (mS/cm)	Cl⁻ (mg/l)	DCO (mg/l)	DBO5 (mg/l)	MES (mg/l)	H.C (mg/l)	Fe (mg/l)	Cu (mg/l)
22/04/2013	15	7,93	57,00	20000	1581,7	3,0	154	0,0	0.0074	0.057
29/04/2013	18	7,74	30,4	20000	1465.2	3.1	178	0.0	0.00634	0.08
04/05/2013	14	7,70	27	20000	1590.3	2.97	187.2	0.0	0.00582	0.063
11/05/2013	17	7,67	25,2	20000	1600	3.4	169.5	0.0	0.00432	0.08
Moyenne	16	7,76	34,9	20000	1559,3	3,11	172,17	0,0	0.00597	0.07

Prélèvement au poste N°2

Tableau IV-3 : analyse physico-chimique d'EDM au poste N°2

Dates	T (°C)	pH	Cond (mS/cm)	Cl⁻ (°F)	DCO (mg/l)	DBO5 (mg/l)	MES (mg/l)	H.C (mg/l)	Fe (mg/l)	Cu (mg/l)
22/04/2013	26	7,81	57,100	2816.90	1108,1	3,0	139	0,0	00087	0.061
29/04/2013	27	7,98	31,2	2816.90	1098.6	3.46	143.25	0.0	0.0076	0.0822
04/05/2013	25	7,86	30,3	2816.90	1110.2	3.25	158.3	0.0	0.00657	0.068
11/05/2013	28	7,84	29,6	2816.90	1142.6	2.79	172.11	0.0	0.0065	0.0906
Moyenne	26,5	7,87	37,05	2816.90	1114,87	3,12	153,16	0,0	0.00734	0.07545

1°F = 7.1 mg de Cl /l

les résultats d'analyse de P1 ne sont pas représentés dans les figures car notre travail s'est basé surtout sur l'anlyse et le contrôle des effluents au complexe GL4/Z.

Les figures ci-dessous représentent les résultats d'analyse enregistrés au niveau du canal de rejet EDM (**P2**).

Variation de la Température de l'EDM

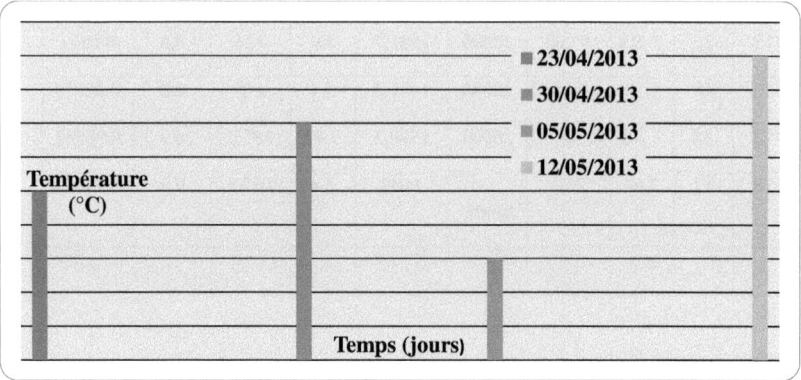

Figure IV-6 : Variation de la Température de l'EDM

Interprétation de la figure IV-6

La figure IV-6 représente la variation de la température du rejet des effluents ,elle est comprise entre 25,5°C et 28°C (saison printanière) , inférieure à température de la norme internationale (30 °C).

Variation du pH

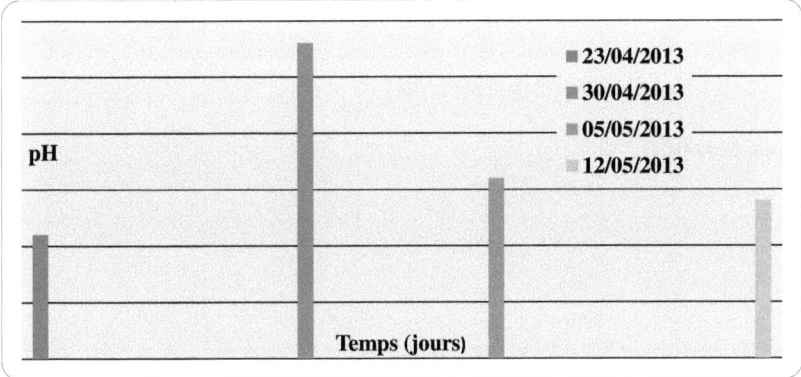

Figure IV-7 : Variation du pH

Interprétation de la figure IV-7

La figure IV-7 représente la variation du pH du rejet entre 7.81 et 7.98 , inférieure à pH à la norme internationale (6.5-8.5).

Variation de la Conductivité

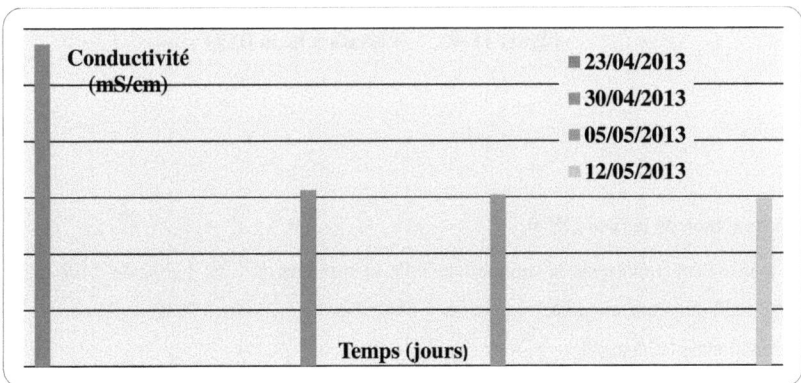

Figure IV-8 : Variation de la Conductivité

Interprétation de la figure IV-8

La figure IV-8 représente la variation de la conductivité on remarque une baisse durant la première semaine puis une stabilisation par la suite.

Variation de la DCO

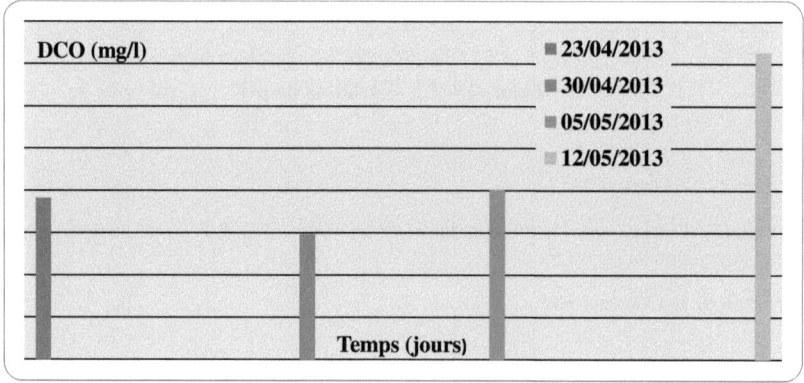

Figure IV-9 :   Variation de la DCO

Interprétation de la figure IV-9

La figure IV-9 représente la variation de la DCO on remarque une baisse de 1108 mg/l à 1098 mg/l puis une augmentation jusqu'à 1142 mg/l, supérieure à DCO de la norme internationale (120 mg/l).

Variation de la DBO5

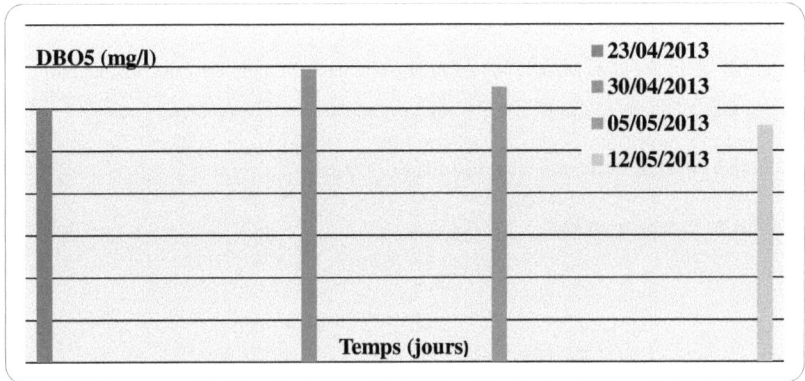

Figure IV-10 :   Variation de la DBO5

Interprétation de la figure IV-10

La figure IV-10 représente la variation de la DBO, on remarque une légère augmentation de 3mg/l à 3,46 mg/l puis une diminution jusqu'à 2,79 mg/l probablement du aux intempéries.

Inférieure à la DBO5 de la norme internationale (35 mg /l).

Variation de la quantité de M.E.S

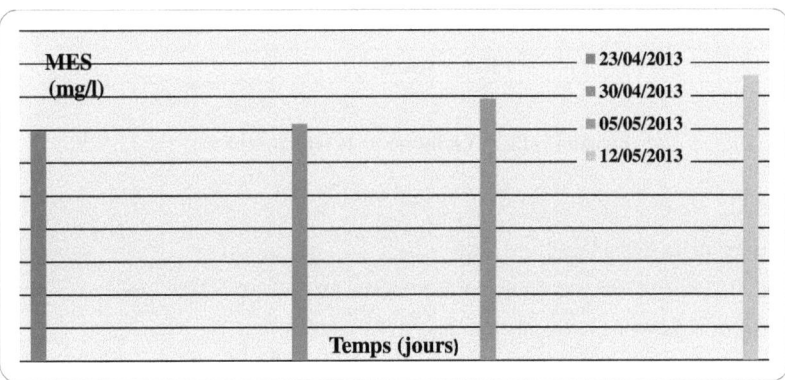

Figure IV-11 :   Variation de la quantité de M.E.S

Interprétation de la figure IV-11

La figure IV-11 représente la variation de la quantité de M.E.S on remarque une légère augmentation allant de 139 mg/l à 172,4 mg/l probablement du aux intempéries.

Supérieure à la MES de la norme internationale (35 mg /l).

Variation de la teneur en Fer

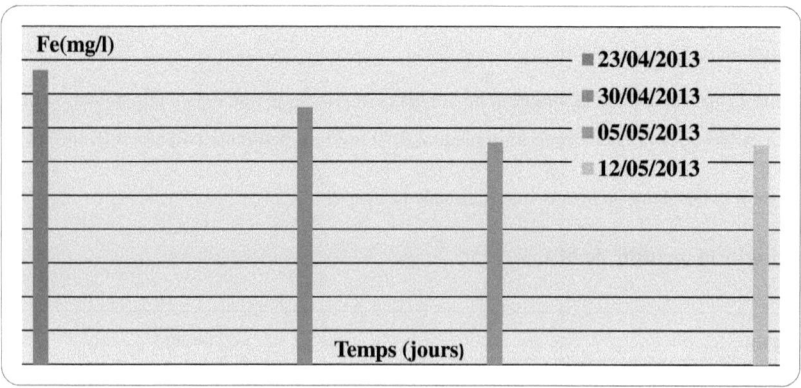

Figure IV-12 : Variation de la teneur en Fer

Interprétation de la figure IV-12

La figure IV-12 représente la variation de la teneur en fer de 0.065 à 0.0087 mg/l valeur qui est en dessous de la norme internationale (3 mg /l) .

Variation de la teneur en Cuivre

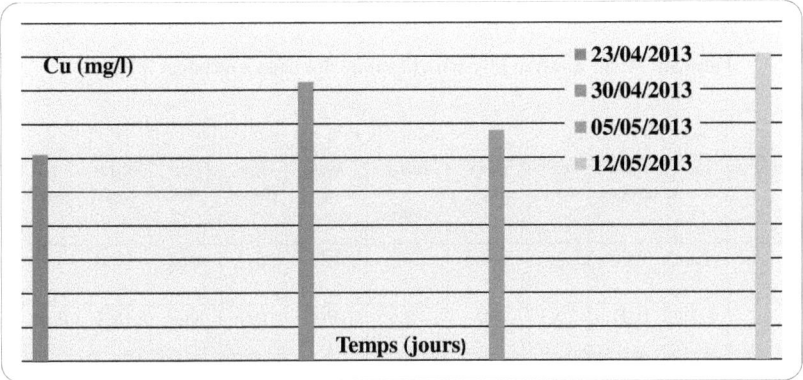

Figure IV-13 :   Variation de la teneur en Cuivre

Interprétation de la figure IV-13

La figure IV-13 représente la variation de la teneur en cuivre de 0.061 à 0.0906 mg/l valeur qui est en dessous à Cu de la norme internationale (0.5 mg /l).

Interprétation des résultats du poste P2

- Les résultats des analyses (Température, pH, DBO5, HC , Fe,Cu) des eaux prélevées à partir du canal de rejet sont en dessous des normes internationales ([température = 30°C] , [pH entre 6.5 et 8.5], [DBO5= 35 mg/l], [H.C =10 mg/l],[Fe = 3 mg /l], [Cu= 0.5 mg/l]).

-Les résultats des analyses (Conductivité, Chlorures , DCO , MES) des eaux prélevées à partir du canal de rejet sont en dessous des normes internationales ([DCO= 120 mg/l] , [MES = 35 mg/l]) . On remarque que les eaux contaminées sont fortement diluées par les eaux de refroidissement (**voir chapitre II)** à l'exception de la température qui est de 26,5°C en moyenne d'où risque d'hypoxie voire d'anoxie**.**

Analyses physico-chimiques des eaux sanitaires au point P3

Le poste N°3 est une fosse de décantation des eaux sanitaires.

La fosse de décantation est composée de deux cellules :

Une cellule de décantation de matières solides en suspension et une cellule de sortie.

Prélèvement au poste P3e

Tableau IV-4 : analyse physico-chimique des eaux sanitaires à P3e

Dates	T(°C)	pH	Cond (mS/cm)	Cl⁻ (°F)	DCO (mg/l)	DBO5 (mg/l)	MES (mg/l)	H.C (mg/l)	PO_4^{-3} (mg/l)	NH_4^+ (mg/l)	Fe (mg/l)	Cu (mg/l)
22/04/2013	25	7,6	7,00	11,3	308,3	113	127	2,0	40.5	18.0	0,48	<0,01
29/04/2013	27	7,24	0,91	1,83	90	75,5	90	0,0	38,7	15,2	0,48	<0,01
04/05/2013	25	7,74	2,5	4,20	921,6	384	199	0,0	39	12,8	0,5	<0,01
11/05/2013	26	7,58	3,1	5,21	384,71	164,28	260,57	0,0	35,5	19	0,6	<0,01
Moyenne	25,75	7,54	3,37	5,63	443,72	184,19	169,14	0,5	38,42	16,25	0,51	<0,01

1°F = 10 mg $CaCO_3$/ l   **1meq**= 50 mg/l = 5°F

1°F = 7.1 mg de Cl /l

Les figures ci-dessous représentent les résultats d'analyse enregistrés au niveau de P3e

Variation du pH

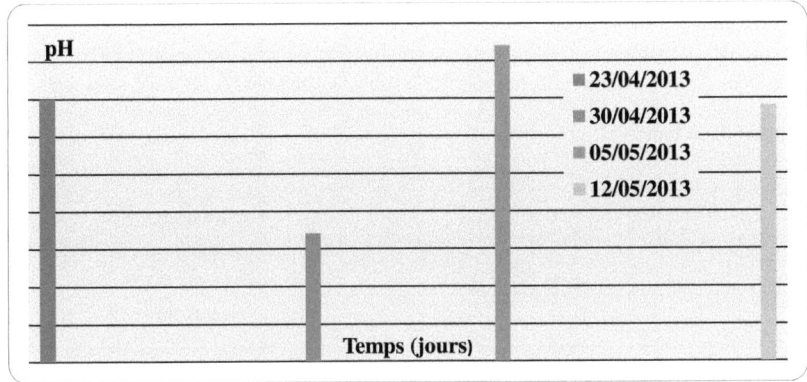

Figure IV-14 :   Variation du pH

Interprétation de la figure IV-14

La figure IV-15 représente la variation du pH de 7,24 à 7,74 inférieure à pH de la norme interantinale (6.5-8.5)

Variation de la Conductivité

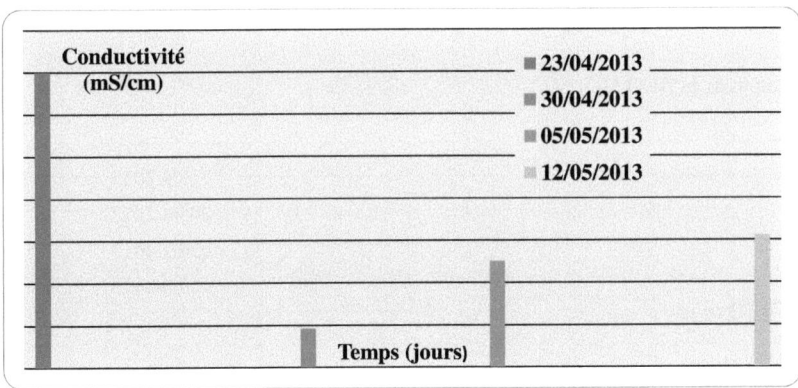

Figure IV-15 :   Variation de la Conductivité

Interprétation de la figure IV-15
La figure IV-19 représente la variation de la conductivité où nous constatons une baisse de 7,00 mS/cm à 0,91 mS/cm puis une montée jusqu'à 3,1 mS/cm

Variation de la teneur en chlorures

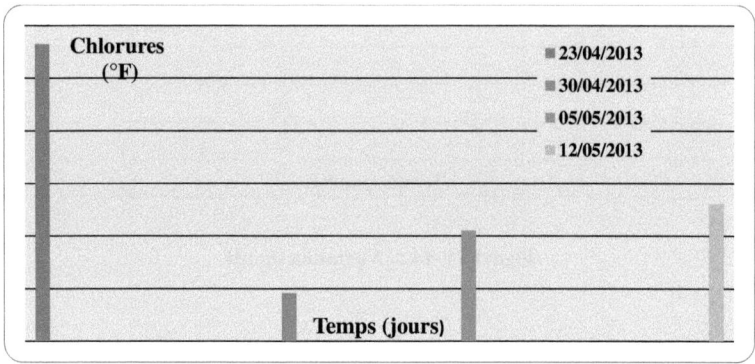

Figure IV-16 : Variation de la teneur en chlorures

Interprétation de la figure IV-16

La figure IV-16 représente une baisse de la teneur en chlorures de 11,3°F à 1,83°F puis une augmentation jusqu'à 5,21°F.

Variation de la DCO

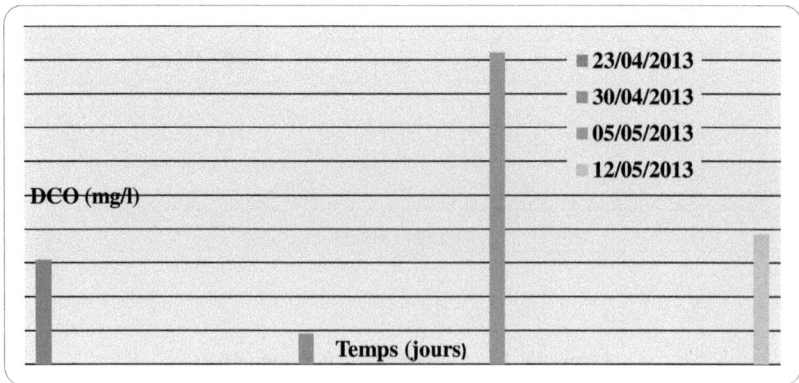

Figure IV-17 : Variation de la DCO

Interprétation de la figure IV-17

La figure IV-17 représente la variation de la DCO comprise entre 90 mg/l et 921 mg/l probablement du aux intempéries, supérieure à DCO de la norme internationale (120 mg/l)

Variation de la DBO5

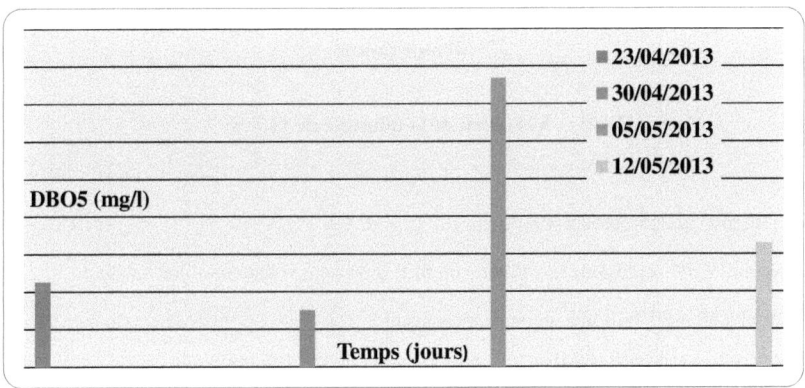

Figure IV-18 :   Variation de la DBO5

Interprétation de la figure IV-18

La figure IV-18 représente la variation de la DBO5 comprise entre 75,5 mg/l et 384 mg /l probablement du aux intempéries, Supérieure à DBO5 de la norme internationale (35 mg/l)

Variation de la quantité de M.E.S

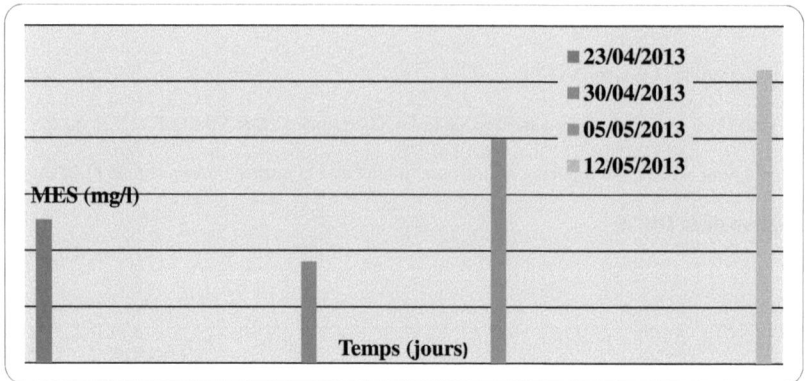

Figure IV-19 :   Variation de la quantité de M.E.S

Interprétation de la figure IV-19

La figure IV-19 représente la variation de M.E.S où nous constatons une baisse de 127 mg/l à 90 mg/l puis une augmentation jusqu'à 260,5 mg/l probablement du aux intempéries, supérieure à MES de la norme internationale (35 mg/l).

Variation de la teneur en hydrocarbures

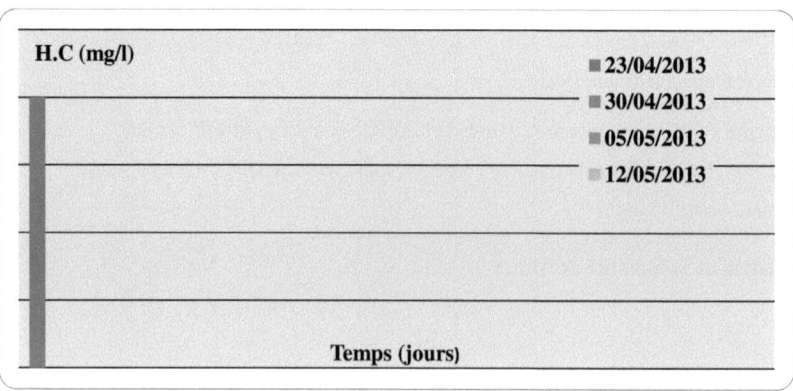

Figure IV-20 :   Variation de la teneur en hydrocarbures

Interprétation de la figure IV-20

La figure IV-20 représente la variation de la teneur en hydrocarbures (H.C) où nous remarquons une chute de 2,00 ppm à 0,00 mg/l, inférieure à teneur en hydrocarbures de la norme interantionale (10 mg/l).

Variation de la teneur en phosphates (PO₄)

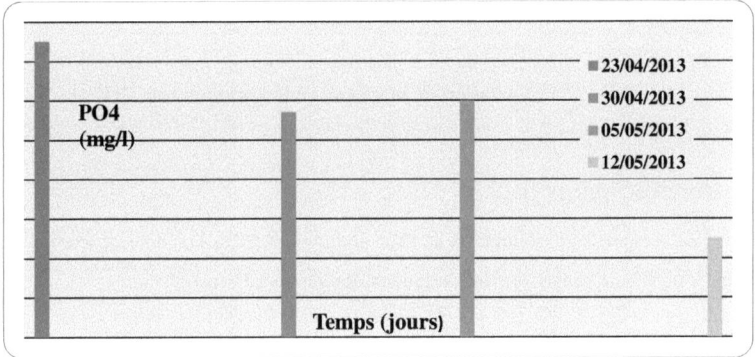

Figure IV-21 :   Variation de la teneur en phosphates (PO$_4$)

Interprétation de la figure IV-21

La figure IV-21 représente la variation de la teneur en phosphates (PO$_4$) de 35,5mg/l jusqu'à 40,5 mg/l ce qui est conforme à une eau sanitaire, supérieure à PO$_4$ de la norme interantionale (10 mg/l).

Variation de la teneur en ion ammonium (NH$_4^+$)

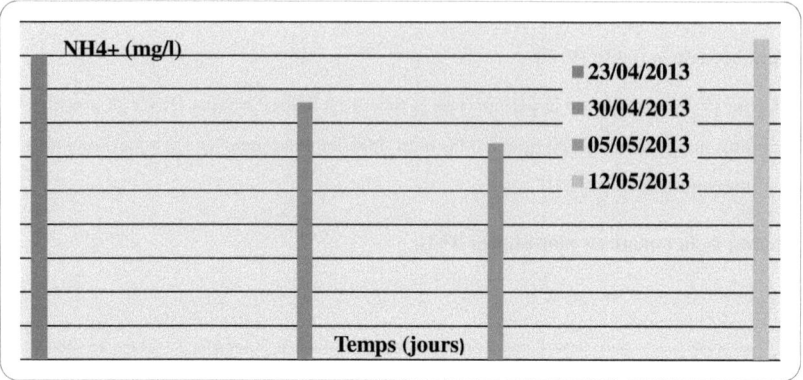

Figure IV-22 : Variation de la teneur en ion ammonium (NH$_4^+$)

Interprétation de la figure IV-22

La figure IV-22 représente la variation de l'ion ammonium (NH$_4^+$) où nous observons une baisse de 18 mg/l à 12,8 mg/l puis une augmentation jusqu'à 19 mg/l.

Variation de la teneur en Fer

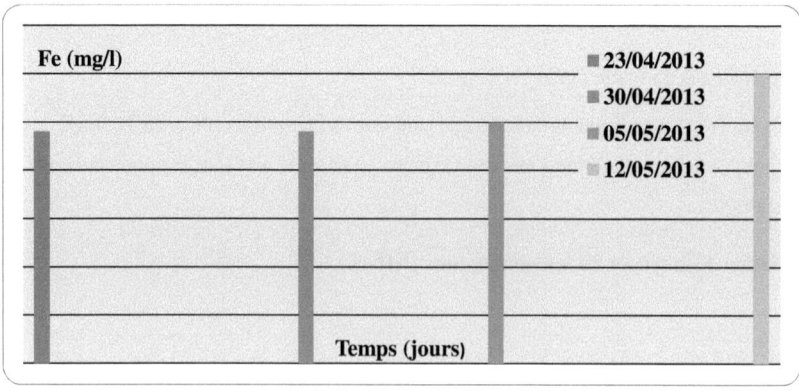

Figure IV-23 : Variation de la teneur en Fer

Interprétation de la figure IV-23

La figure IV-23 représente la variation de la teneur en fer (Fe) où on remarque une stabilisation à 0,48 mg/l puis une chute jusqu'à 0,6 mg/l, inférieur à Fe de la norme internationale (3 mg/l) .

Interprétation des résultats du poste P3e

. Les résultats de la température, du pH, de la DCO, de la DBO5, des MES, des phosphates et l'azote ammoniacal, effectués sur les eaux des sanitaires au point P3e, relevés durant les journées du 22/04/2009 au 11/05/2009 avec une fréquence d'une fois par semaine,

nous avons constaté:

-Le pH se situe dans une moyenne de 7.54 ; ce qui est conforme avec la norme en vigueur.
-Les températures sont inférieures à 30° C et cela est du à la saison (printemps).

- En ce qui concerne la DCO, des valeurs de l'ordre de 443 mg/l ont été relevées au point P3e ce qui parait conforme à une eau sanitaire.

- La DBO5, de l'ordre de 184,29 mg/l indique bien que ces eaux contiennent des pollutions de nature biologique et peuvent être facilement épurées par le traitement biologique car le rapport **DCO/DBO = 2,4** le permet.

- Des MES de 169,14 mg/l ont été mesurées, ces valeurs sont conformes à celle rencontrés dans des rejets sanitaires.

- En ce qui concerne les phosphates, des valeurs moyennes de l'ordre de 38,42 mg/l ont été relevées au point P3e, ces résultats sont élevés par rapport à la norme. Ils proviennent des rejets humains et des lessives.

Quant à l'azote ammoniacal, des valeurs de l'ordre de 16,25 mg/l, ont été obtenues au point P3e, ces valeurs sont en dessus de la norme. Cet azote provient de la décomposition de l'azote organique par les bactéries (ammonification) et des rejets (urines, excréments).

Analyses physico-chimiques des eaux sanitaires au point P3s

Tableau IV-5 : analyse physico-chimique des eaux sanitaires à P3s

Dates	T(°C)	pH	Cond (mS/cm)	Cl⁻ (°F)	DCO (mg/l)	DBO5 (mg/l)	MES (mg/l)	H.C (mg/l)	Fe (mg/l)	Cu (mg/l)
22/04/2013	23	7,6	55,6	280	201,56	113	35	0,0	0,05	0,07
29/04/2013	26	7,77	29,7	150,6	57,2	48	33	0,0	0,05	0,07
04/05/2013	25	7,77	29,7	150,6	526,4	265	79	0,0	0,05	0,07
11/05/2013	24	7,37	27,2	137,7	220	105	61	0,0	0,05	0,07
Moyenne	24,5	7,62	35,55	179,72	251,29	132,75	52	0,0	0,05	0,07

Les figures ci-dessous représentent les résultats d'analyse enregistrés au niveau de P3s

Variation du pH

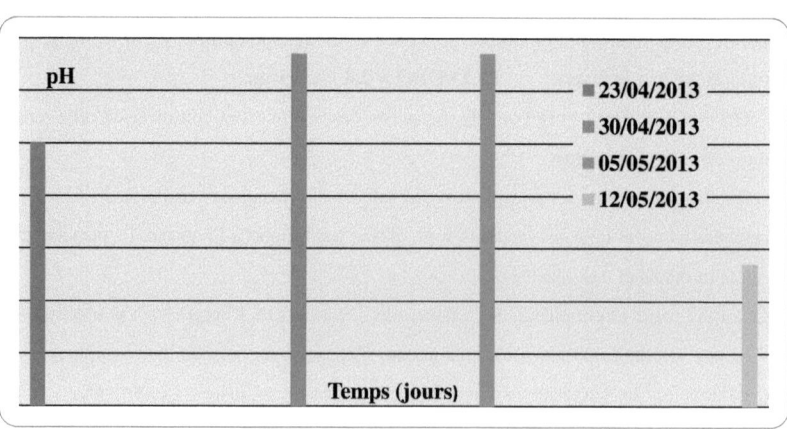

Figure IV-24 : Variation du pH

Interprétation de la figure IV-24

La figure IV-24 représente la variation du pH on remarque une augmentation de 7,6 à 7,77 puis une diminution jusqu'à 7.3 , inférieure à pH de norme internationale (6.5-8.5).

Variation de la Conductivité

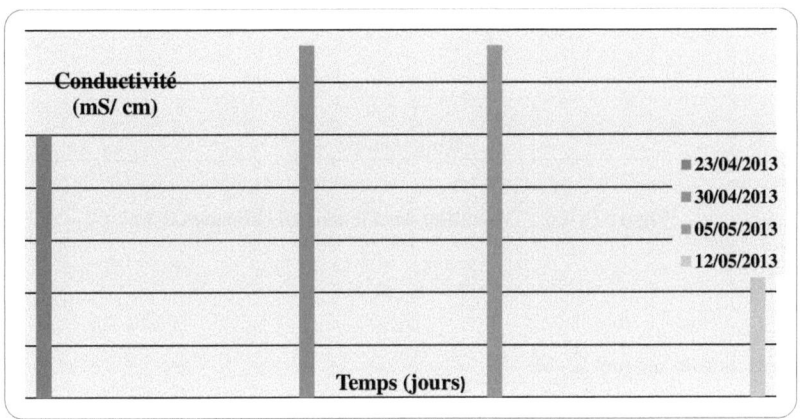

Figure IV-25 : Variation de la Conductivité

Interprétation de la figure IV-25

La figure IV-25 représente la variation de la conductivité on remarque une baisse de 55,6 mS/cm à 29,7 mS/cm puis une stabilisation ensuite une chute jusqu'à 27,2 mS/cm.

Variation de la teneur en chlorures (Cl^-)

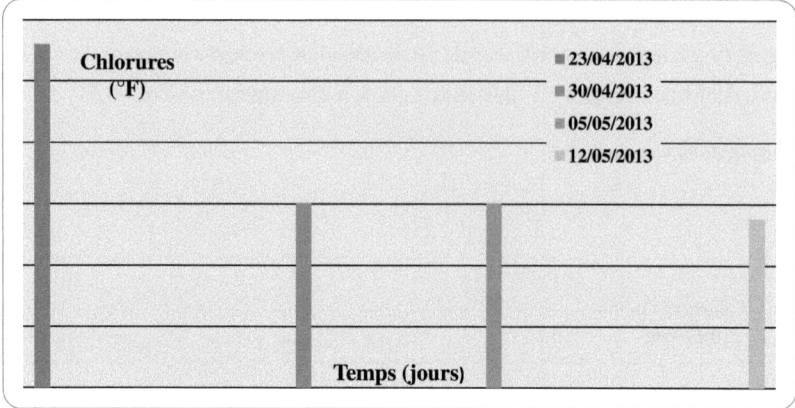

Figure IV-26 : Variation de la teneur en chlorures (Cl⁻)

Interprétation de la figure IV-26

La figure IV- 26 représente la variation de la teneur en chlorures on remarque une baisse de 280 °F jusqu'à 180,6 °F ensuite une stabilisation ensuite un chute jusqu'à 137,7 °F.

Variation de la DCO

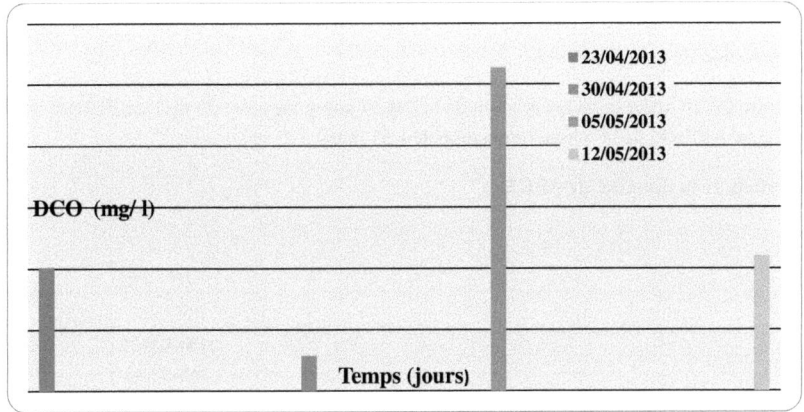

Figure IV-27 : Variation de la DCO

Interprétation de la figure IV-27

La figure IV-27 représente la variation de la DCO comprise entre 57,2 mg/l et 526,4 mg/l, Supériere à DCO de la norme internationale (120 mg/l).

Variation de la DBO5

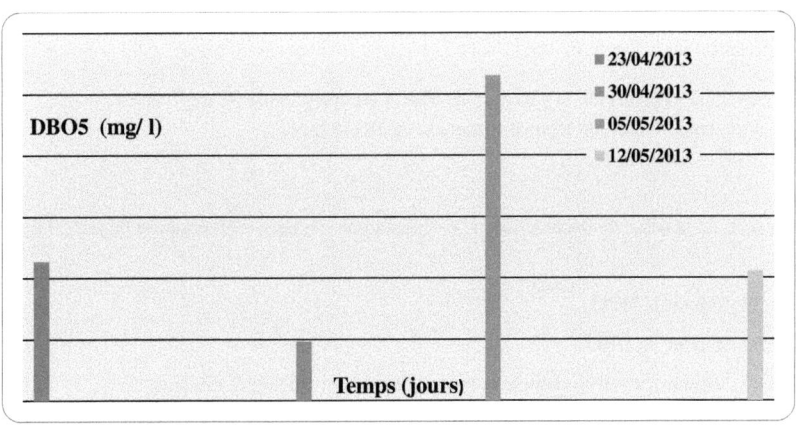

Figure IV-28 : Variation de la DBO5

Interprétation de la figure IV-28

La figure IV-28 représente la variation de la DBO5 comprise entre 33mg/l et 79 mg/l, supérieure à DBO5 de la norme internationale (35 mg/l)

Variation de la quantité de M.E.S

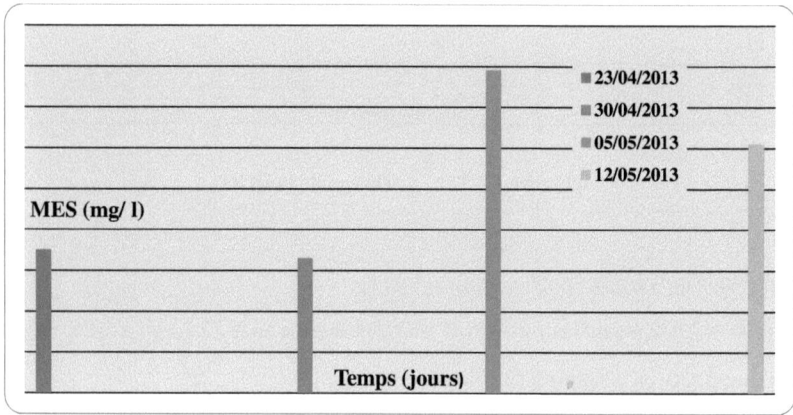

Figure IV-29 :   Variation de la quantité de M.E.S

Interprétation de la figure IV-29

La figure IV-29 représente la variation de M.E.S comprise entre 33 mg/l et 79 mg/l ,supérieure à MES de la norme internationale (35 mg/l) .

Au niveau de la fosse de décantation, nous constatons un taux d'élimination de la pollution de :
- 43,36 % pour la DCO
- 27,92 % pour la DBO
- 69,25 % pour les MES comme le montre le tableau suivant ci-dessous

Tableau IV-6: Taux d'élimination (DCO, DBO, MES)

Sources	pH	DCO (mg/l)	DBO (mg/l)	MES (mg/l)
P3e	7,54	443,72	184,19	169,14
P3s	7,62	251,29	132,75	52
% éliminé	/////////////////	43,36 %	27,92%	69,25%

Les résultats d'analyses de la température, du pH, de la DCO, de la DBO5, des MES effectués sur les eaux sanitaires au point P3s (Après décantation) ont été relevés durant les journées du 22/04/2009 au 11/05/2009 avec un temps d'une fois par semaine.

Interprétation des résultats du poste P3s

On remarque une légère variation du pH et de la température par rapport aux résultats des eaux prélevées au point P3e. En ce qui concerne la DCO, la DBO et les MES, les résultats obtenus montrent une diminution considérable de la pollution par la cellule de décantation

Analyses physico-chimiques des eaux contaminées au point P4

Interprétation des résultats du poste P4s

L'échantillon prélevé à partir du point de collecte de tous les déshuileurs, présente une forte teneur en huiles (présence d'une couche d'huile visible à l'œil nu) à cause du non fonctionnement de tous les déshuileurs.

Tableau IV-7 : analyse physico-chimique des eaux contaminées (P4)

Dates	T (°C)	pH	Cond (mS/cm)	Cl$^-$ (°F)	H.C (ppm)
27/04/2013	26	6.7	3,44	1052	62

Huiles et graisses : présence d'une couche d'huile à la surface du liquide
Hydrocarbures totaux : 10 ppm.
Nous remarquons que la teneur en hydrocarbures est au dessus des normes.

Certaines analyses n'ont pu être effectuées, à cause de la non disponibilité de matériels et de réactifs adéquats de quelques éléments comme :

-Azote Kjeldhal

-phosphor total

Cadmium

-Cyanures

-aluminium

-Chrome total

-manganèse

-Mercure total

-Nickel total

-Plomb total

-Zinc total

-Détergent

-Nitrites et Nitrates

CHAPITRE V
LES STATIONS D'EPURATION

STATIONS D'EPURATION (STEP) [12]

V-1 Généralités sur les stations d'épuration

L'épuration des eaux usée par l'emploi de station d'épuration s'est développée en 1920 en Amérique du Nord (1926 :STEP de Milwaukee au bord du lac Michigan aux USA ; En France, en 1940 STEP d'Achères, conçue pour la région parisienne, d'une capacité de 200.000 m^3/j.

En Algérie, il existe plus d'une centaine de STEP dont une soixantaine (dites urbaines) consacrée aux eaux usées domestiques. Les autres étant installées dans les unités industrielles .Le besoin d'épurer les eaux usées s'accroit en Algérie et dans les autres pays, en raison du développement démographique et du développement industriel

. Mais aussi avoir la réflexion du concept de récupérer, réutiliser et recycler. L'épuration consiste à la mise en œuvre de moyens techniques et biologiques pour assurer le traitement des eaux usées. Une station d'épuration est installée généralement à l'extrémité d'un réseau de collecte, en amont de la sortie des eaux vers le milieu naturel La succession des dispositifs est bien entendu calculée en fonction de la nature des eaux usées recueillies sur le réseau et des types de pollution à traiter.

V-2 Les prétraitements

Les dispositifs de prétraitement sont présents dans la plupart des stations d'épuration, quels que soient les procédés mis en œuvre à l'aval.

Ils ont pour but d'éliminer les éléments solides ou particulaires les plus grossiers, susceptibles de gêner les traitements ultérieurs ou endommager les équipements. On trouve dégrillage, dessablage et dégraissage – déshuilage.

V-2-1 Dégrillage

Le dégrillage, premier poste de traitement, qui permet de :

- Protéger les ouvrages aval contre l'arrivée de gros objets susceptibles de provoquer des bouchages dans les différentes unités de l'installation,

- Séparer et évacuer facilement les matières volumineuses charriées par l'eau brute, qui pourraient nuire à l'efficacité des traitements suivants, ou en compliquer l'exécution.

L'opération est plus ou moins efficace, en fonction de l'écartement entre barreaux de grille; on peut distinguer

dégrillage fin, pour un écartement inférieur à 10 mm,

dégrillage moyen, pour un écartement de 10 à 40 mm,

- pré dégrillage, pour un écartement supérieur à 40 mm.

Le dégrillage est assuré, soit par une grille à nettoyage manuel soit, de préférence, par une grille à nettoyage automatique.

V-2-2 Dessablage

Le dessablage a pour but d'extraire des eaux brutes les graviers, sables et particules minérales plus ou moins fines, de façon à éviter les dépôts dans les canaux et conduits, à protéger les pompes contre l'abrasion. Le domaine usuel du dessablage porte sur les particules de granulométrie égale ou supérieure à 200 µ m; une granulométrie inférieure est en généra l du ressort de la décantation.

V-2-2-1 Différents types de dessableurs

V-2-2-1-1 Dessableurs circulaires

De forme cylindro-conique, ils ont un diamètre de 3 à 8 m et une profondeur liquide de 3 à 5 m.

Le sable se dépose sur un radier plus ou moins incliné et se déplace par effet hydraulique, pour chuter dans une trémie centrale de stockage.

V-2-2-1-2 Dessableurs rectangulaire aérées

Ces ouvrages, dont la largeur peut aller de 4 à 8 m ont une profondeur liquide d'environ 4 m et une longueur maximale d'environ 30 m.

L'eau est introduite à une extrémité de l'ouvrage et est reprise à l'autre extrémité, à travers un orifice immergé, avec, fréquemment, passage sur un déversoir aval de maintien de niveau du plan d'eau.

V-2-2-1-2-1 Hydrocyclone

Ces appareils assurent la séparation de particules par classification hydraulique centrifuge. Ils sont constitués d'une enceinte cylindro-conique dans laquelle l'alimentation tangentielle met l'eau en rotation avant sa sortie par une tubulure axiale de surverse.

V-2-3 Dégraissage et déshuilage

Les opérations de dégraissage et de déshuilage consistent en une séparation de produits de densité légèrement inférieure à l'eau, par effet de flottation et sont placés en amont des stations d'épuration des eaux usées domestiques.

Le **dégraissage** est une opération des séparations liquide solide réalisant un compromis entre une rétention maximale des graisses et un dépôt minimal de boues de fond fermentescibles.

Le **déshuilage** est une opération des séparations liquide liquide. Cette opération est habituellement réservée à l'élimination d'huiles présentes en quantité notable dans les eaux résiduaires industrielles (ERI), en particulier dans les industries du pétrole.

V-3 Traitement primaire

Les traitements primaires regroupent les procédés physiques ou physico-chimiques de : décantation, coagulation et floculation visant à éliminer par décantation une forte proportion de matières minérales ou organiques en suspension.

A l'issue du traitement primaire, seules 50 à 60 % des matières en suspension sont éliminées.

V-3-1 La décantation

Le processus principal du traitement primaire est la décantation, c'est une opération de séparation mécanique, par différence de gravité de phases non miscibles dont l'une au moins est liquide. On peut séparer des phases liquides, une phase solide en suspension dans une phase liquide.

Donc la décantation a pour but de :

♦ Retirer une fraction importante de la pollution organique et minérale.

- Alléger la charge du traitement biologique ultérieur.
- Réduire les risques de colmatage des systèmes de traitement biologique par culture fixe.
- Eliminer 30 à 35 % de DBO_5 et 60 à 70% des MES (eaux usées domestiques).

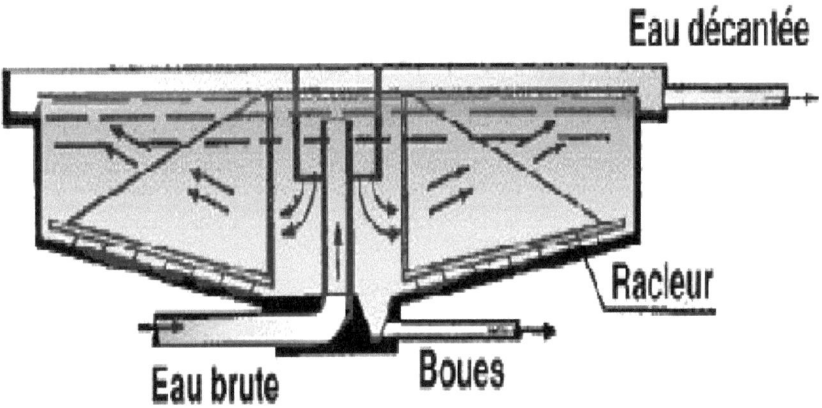

Figure V-1 : **Principe de fonctionnement d'un décanteur**

V-3-2 Le traitement physico- chimique (coagulation – floculation)

Dans l'eau brute, les colloïdes sont généralement chargés négativement et se repoussent mutuellement. Afin de neutraliser cette charge superficielle négative, on ajoute des cations qui forment une couche autour du colloïde favorisant le rapprochement des particules. C'est la **coagulation.**

Les principaux coagulants utilisés pour déstabiliser les particules et produire des flocs sont :

- Le sulfate d'aluminium $Al_2(SO_4)_3$, 18 H_2O
- L'aluminate de sodium $NaAlO_2$
- Le chlorure ferrique $FeCl_3$, 6 H_2O
- Le sulfate ferrique $Fe_2(SO_4)_3$, 9 H_2O
- Le sulfate ferreux $FeSO_4$, 7 H_2O.

V-3-2-1 La floculation

Etape suivante dans le processus de clarification de l'eau. Elle résulte de diverses forces d'attraction entre particules mises en contact, d'abord par mouvement brownien jusqu'à l'obtention d'une grosseur de 0.1 Micron environ, puis par agitation mécanique amenant les flocons à une taille suffisante.

Parmi les flocons les plus employés on trouve :

- la silice activée.
- Des floculants organiques tels que : Alginate (extrait d'algues), polyacrylamides, polyamines

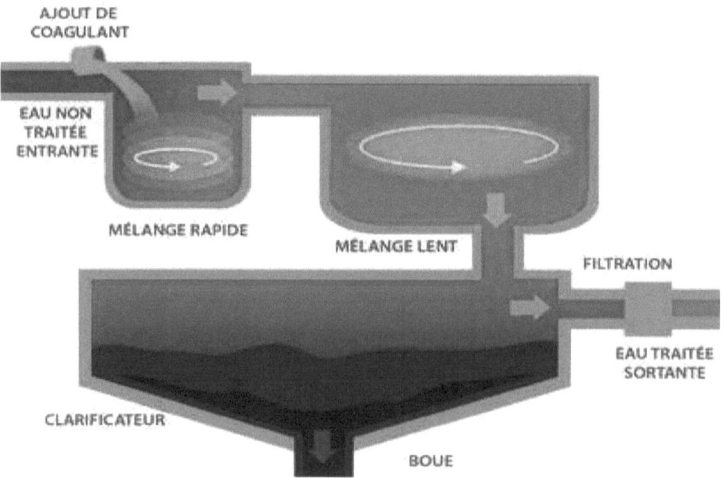

Figure V -2 : Coagulation- Floculation

V-4 Traitement secondaire

Ces traitements sont indispensables pour extraire des eaux usées les polluants dissous, essentiellement les matières organiques.
Ils utilisent l'action de micro-organismes capables d'absorber ces matières.

Les principales techniques de traitement aérobie sont:

- les boues activées,
- le lagunage,
- les disques biologiques,
- Les lits bactériens.

V-4-1 Les boues activées

L'épuration par boues activées consiste à mettre en contact les eaux usées avec un mélange riche en bactéries par brassage pour dégrader la matière organique en suspension ou dissoute. Il y a une aération importante pour permettre l'activité des bactéries et la dégradation de ces matières, suivie d'une décantation à partir de laquelle on renvoie les boues riches en bactéries vers le bassin d'aération.

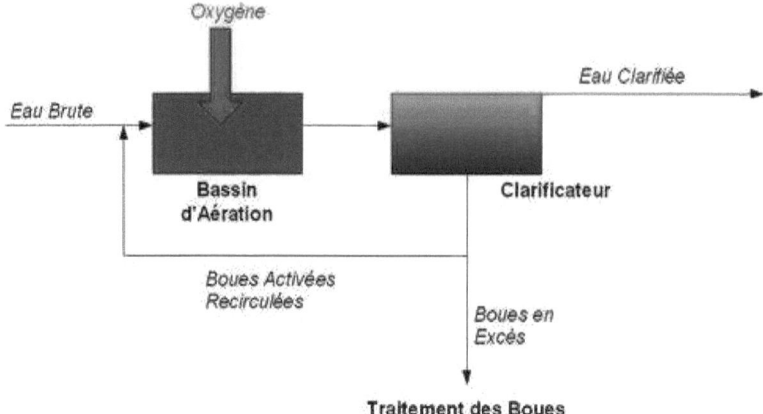

Figure V- 3 : Traitement des boues

V-4-2 le lagunage

Les lagunes sont constituées de plans d'eau peu profonds, en général au nombre de trois. L'apport d'oxygène naturel, par échange avec l'atmosphère ou par photosynthèse des algues de surface, peut être complété exceptionnellement par des aérateurs pour stimuler l'activité biologique et diminuer les surfaces.

Ces dispositifs, assurent un temps de séjour de l'ordre d'une dizaine de jour, l'oxygénation se fait par diffusion naturelle à travers la surface libre.
L'ouvrage sert à la fois de réacteur et de décanteur et surtout par photosynthèse des algues.
Ce procédé est assez peu utilisé dans les villes à forte agglomération, car il immobilise une surface importante de terrain et est souvent à l'origine de nuisances pour le voisinage.

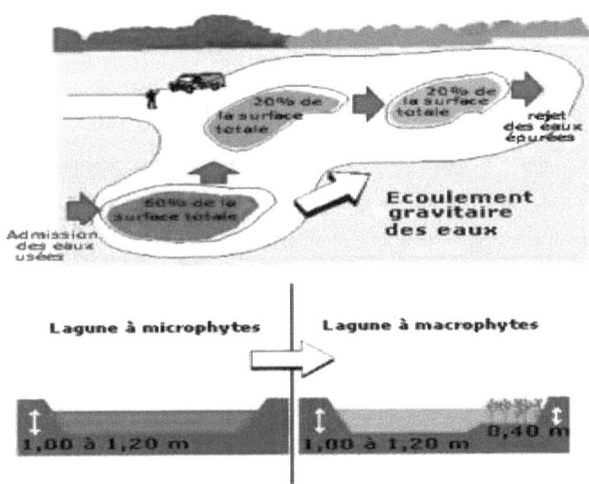

Figure V-4 : Lagunage naturel

V-4-3 Le disque biologique

Les disques biologiques constituent une technique utilisée surtout pour les eaux usées saisonnière du tourisme. Ils ont un diamètre de 2 à 4 mètres et sont à demi immergé.

Dans ce procédé, les micro-organismes sont fixés sur des disques tournant lentement (quelques tours par minute) autour d'un axe horizontal et baignant en partie dans l'eau à traiter. De par la rotation, la biomasse se trouve alternativement au contact avec l'eau à traiter et avec le dioxygène de l'air ambiant.

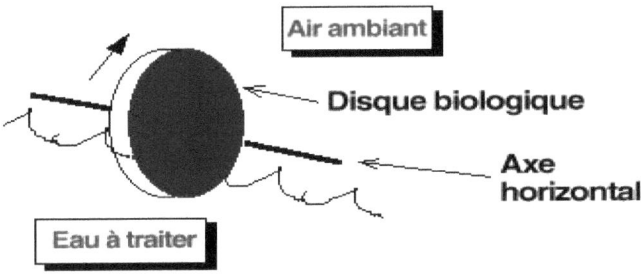

Figure V-5 : Principe de fonctionnement d'un disque biologique

V-4-4 Le lit bactérien

L'épuration des eaux par lit bactérien est une méthode d'épuration biologique par cultures fixées.

Cette technique consiste à faire supporter les micro-organismes épurateurs par des matériaux poreux ou caverneux. L'eau à traiter est dispersée en tête de réacteur, traverse le garnissage et peut être reprise pour une recirculation. Dans les lits bactériens, la masse active des micro-organismes se fixe sur des supports poreux inertes ayant un taux de vide d'environ 50% (minéraux, comme la pouzzolane et le coke métallurgique, plastiques, les roches volcaniques, les cailloux) à travers lesquels on fait percoler (pénétrer) l'effluent à traiter.

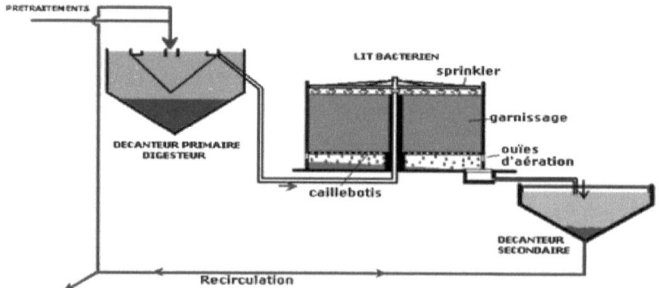

Figure V- 6 : Principe de fonctionnement d'un lit bactérien

V-5 Traitement tertiaire

Le traitement tertiaire, encore plus poussé, élimine la présence de l'azote et du phosphore. Dans certaines zones de baignade ou de pêche à pieds, on effectue en plus des traitements de désinfection.

ROCOMMANDATIONS

ET

CONCLUSION

RECOMMANDATIONS et CONCLUSION

Bien qu'à l'origine, lors de la construction du Complexe GL4/Z, les problèmes environnementaux que peuvent provoquer les effluents liquides aient attirés l'attention des responsables et aient été pris en charge par l'installation de déshuileurs pour les eaux contaminées au niveau des unités, la mise en place de fosses de décantation et des fosses sceptiques pour les eaux sanitaires.la conception des réseaux pour la récupération des eaux pluviales contaminées et non contaminées et la prise en compte de l'effet de dilution des eaux usées par les eaux de refroidissements (**voir Chap. IV-1**) nous avons constaté plusieurs anomalies :

- Non fonctionnement de tous les déshuileurs
- Existence de fosses sceptiques non conformes
- Connexions anarchiques de certains réseaux sanitaires et le manque d'entretien
- Accès difficile à certains réseaux de rejets (regards bloqués)
- Evacuation des certains produits chimiques sans traitement

Les effluents liquides, avant leur rejet à la mer, doivent subir des traitements, pour cela suivant les résultats obtenus des analyses effectuées et pour l'adoption de la politique HSE, nous recommandons des solutions pour l'application d'une technique de traitement aérobie afin d'extraire les polluants dissous ou en suspension, essentiellement les matières organiques et certains métaux lourds, dans les eaux usées, par l'installation d'une station d'épuration (STEP) adaptée à ce genre d'effluent en utilisant le procédé des boues activées. Mais l'action de cette installation intervient nécessairement après une phase de prétraitement complétée par deux traitements primaire et secondaire (**voir annexe 4 chap. A, B et C**) Les boues en excès seront épurées et dirigées vers l'installation de traitement des boues puis seront rejetées ou incinérées

L'installation d'une station d'épuration adaptée à ce genre d'effluent est primordiale pour la protection de l'écosystème marin.
Il faut aussi prévoir un entretien périodique de tous les réseaux d'assainissement.

-Remettre en état de marche tous les déshuileurs et leurs auxiliaires en les intégrant comme équipements de production tout en respectant les consignes et les paramètres de fonctionnement tels que le débit et le temps de séjour.

- Le contrôle périodique de la pollution entrée dans les fosses de décantation et dans les déshuileurs

- L'entretien périodique des fosses de décantation en utilisant la chaux et le curage des boues de préférence pendant l'été.

-Prévoir un entretien régulier des réseaux (avaloires, regards et conduites) afin d'éviter les inondations lors des intempéries.

-Après inspection géologique du sol, procéder à la conception de fosses sceptiques en béton ou en géomembrane (polyéthylène) pour éviter les infiltrations et la pollution des nappes phréatiques.

-Prévoir la récupération et le recyclage des huiles après analyse au laboratoire

-Prévoir la diminution des fuites notamment les huiles par un entretien régulier des équipements pour éviter la contamination des eaux

-Imposer la formation et la sensibilisation du personnel en matière de protection de la santé et de l'environnement.

En conclusion le rejet des effluents liquides du Complexe GL4/Z (canal de rejet) est conforme aux normes, à l'exception de la température pour cela la connexion d'une canalisation à partir de l'entrée EDM avec celle du canal est souhaitable pour un éventuel appoint afin de ramener la température de 18 à 20°C.

ANNEXE

I. VALEURS LIMITES DE REJET D'EFFLUENTS LIQUIDES INDUSTRIELS

Le décret exécutif n°06-141 du 20 Rabie El Aouel 1427 correspondant au 19 Avril 2006 définissant les valeurs limites des rejets liquides industriels publié dans le journal officiel de la République Algérienne N°26:

N°	PARAMETRES	UNITE	VALEURS LIMITES	TOLERANCES AUX VALEURS LIMITES ANCIENNES INSTALLATIONS
1	Température	°C	30	30
2	PH	/	6,5-8,5	6,5-8,5
3	MES	mg / l	35	40
4	Azote Kjeldahl	mg / l	30	40
5	Phosphate total	mg / l	10	15
6	DCO	mg / l	120	130
7	DBO$_5$	mg / l	35	40
8	Aluminium	mg / l	3	5
9	Substances toxiques bioaccumulables	mg / l	0,005	0,01
10	Cyanures	mg / l	0,1	0,15
11	Fluor et composés	mg / l	15	20
12	Indice et Phénols	mg / l	0,3	0,5
13	Hydrocarbures totaux	mg / l	10	15
14	Huiles et Graisses	mg / l	20	30
15	Cadmium	mg / l	0,2	0,25
16	Cuivre Total	mg / l	0,5	1
17	Mercure Total	mg / l	0,01	0,05
18	Plomb Total	mg / l	0,5	0,75
19	Chrome Total	mg / l	0,5	0,75
20	Etain Total	mg / l	2	2,5
21	Manganèse	mg / l	1	1,5
22	Nickel Total	mg / l	0,5	0,75
23	Zinc Total	mg / l	3	5
24	Fer	mg / l	3	5
25	Composés Organiques Chlorés	mg / l	5	7

II. LA COMPOSITION DE L'EAU DE MER

L'analyse de l'eau : eaux naturelles, eaux résiduaires, eau de mer Chimie, physico-chimie, bactériologie, biologie [13]

	Sverdrup Johnson Fleming Concentration (mg/kg)	F.A.O (1971) Concentration (mg/l)	Goldberg (1963) Concentration (mg/l)	Quantité (tonnes)
Chlore	18980		19000,0	$29,3.10^{15}$
Sodium	10561		10500,0	$16,3.10^{15}$
Magnésium	1272		1350,0	$2,.10^{15}$
Soufre	884		885,0	$1,4.10^{15}$
Calcium	400		400,0	$0,6.10^{15}$
Potassium	380			$0,6.10^{15}$
Brome	65			$0,1.10^{15}$
Carbone	28		28,0	$0,04.10^{15}$
Strontium	13		8,0	12000.10^{9}
Bore	4,6		4,6	7100.10^{9}
Silice	0,02-4,0		3	$4700 10^{9}$
Fluor	1,4	1,34	1,3	2000.10^{9}
Argon			0,6	930.10^{9}
Azote	0,01-0,7		0,5	780.10^{9}

Lithium	0,1		0,17	760.10^9
Rubidium	0,2		0,12	190.10^9
Phosphore	0,001-0,10		0,07	110.10^9
Iode	0,05		0,06	93.10^9
Baryum	0,05		0,03	47.10^9
Indium			0,02	31.10^9
Zinc	0,005	0,002	0,01	16.10^9
Fer	0,002-0,02	0,010	0,01	16.10^9
Aluminium	0,5	0,010	0,01	16.10^9
Molybdène	0,0005		0,01	16.10^9
Sélénium	0,004	0,00045	0,004	6.10^9
Etain	Présent		0,003	5.10^9
Cuivre	0,001-0,01		0,003	5.10^9
Arsenic	0,01-0,02		0,003	5.10^9
Uranium	0,0015		0,003	5.10^9
Nickel	0,0001		0,002	3.10^9
Vanadium	0,0003		0,002	3.10^9
Manganèse	0,001-0,01		0,002	3.10^9
Béryllium		0,001		10^9
Titane		0,002	0,001	$1,5.10^9$

Antimoine		0,00045	0,0005	$0,8.10^9$
Cobalt	Présent		0,0005	$0,8.10^9$

Caesium	0,002		0,0005	0,8.10⁹
Yttrium	0,0003		0,0003	5.10⁸
Argent	0,0003		0,0003	5.10⁸
Lanthane	0,0003		0,0003	5.10⁸
krypton			0,0003	5.10⁸
Néon			0,0001	150.10⁶
Cadmium	Présent	0,00002	0,0001	150.10⁶
Tungstène			0,0001	150.10⁶
Xénon			0,0001	150.10⁶
Germanium			0,00007	110.10⁶
Chrome	Présent	0,00002	0,00005	78.10⁶
Thorium	<0,0005		0,00005	78.10⁶
Scandium	0,00004		0,00004	62.10⁶
Plomb	0,004	0,00002	0,00003	46.10⁶
Mercure	0,00004	0,0001	0,00003	46.10⁶
Galium			0,00003	46.10⁶
Bismuth		0,0002	0,00002	31.10⁶
Niobium			0,00001	15.10⁶
Thallium			0,00001	15.10⁶
Hélium			0,000005	8.10⁶
Or	0,000006		0,000004	6.10⁶
Protactinium			2.10^{-9}	3000
Radium	$0,2.3.10^{-10}$		1.10^{-10}	150
Radon			$0,6.10^{-15}$	1.10^{-3}

III. PARAMETRES PHYSICO-CHIMIQUES DES EFFLUENTS

III-1 PARAMETRES PHYSIQUES DES EFFLUENTS

III-1-1 Mesure de la Conductivité électrique

Définition

La conductivité électrique d'une eau est la conductance d'une colonne d'eau comprise entre deux électrodes métalliques de 1 cm^2 de surface et séparées l'une de l'autre de 1 cm. Elle est l'inverse de la résistivité électrique. L'unité de la conductivité est le Siemens par mètre (S/m).

La conductivité d'une eau s'exprime généralement en µS/ cm ou en mS/cm.

La relation entre la résistivité et la conductivité est la suivante. :

$$\text{Résistivité } (\Omega.cm) = 10^6 / \text{Conductivité } (\mu S.cm^{-1})$$

Principe

La mesure est basée sur le principe du pont de Wheatstone, en utilisant comme appareil de zéro un galvanomètre ou une image cathodique.

Matériel

- Conductimètre
- Electrode

Mode opératoire

Mettre l'appareil en marche ; étalonner le avec une solution de KCl dont la concentration et la conductivité sont connues. Plonger ensuite l'électrode dans votre échantillon ; laisser stabiliser et lire ensuite sa conductivité (en µS.cm^{-1} ou en mS.cm^{-1}).

Rincer l'électrode après chaque mesure, les lectures se font à une température de 20°C ou 25°C.

III-1-2 Mesure du pH par la méthode électrochimique

But :

Cette méthode s'applique à toutes les mesures de pH effectuées par le laboratoire sur les échantillons d'eau, d'eau usée, d'eau d'alimentation de chaudière, d'eau de chaudière, de condensat, d'eau de mer.

Principe :

Un échantillon représentatif est prélevé à la prise d'échantillon dans un flacon d'un litre à large encolure. On détermine le pH dans le même flacon.

Appareillage et réactifs

Flacon d'un litre, à large encolure

pH-mètre

Electrode de mesure

Solutions tampons homologuées qui encadrent la gamme de pH à mesurer

pH=4, pH=7 et pH=10

Manipulation et conservation des échantillons

Les récipients contenant les prélèvements doivent être bien fermés de façon à éviter toute contamination du produit échantillonné, conservés à l'abri de toute contamination du milieu externe.

Mode opératoire :

- Mettre l'appareil en service, le laisser chauffer et le ramener à l'équilibre électrique. Rincer l'électrode et le bécher avant chaque utilisation avec de l'eau distillée.

- Calibrer le pH-mètre avec les solutions tampons.

- Placer l'électrode dans le bécher contenant l'échantillon, laisser la valeur se stabiliser sur le cadran avant la lecture du résultat.

NB : après chaque utilisation, rincer l'électrode et le bécher avec l'eau distillée.

Préparation de quelques tampons de pH usuels :

Tampon pH 9.18 :

Dissoudre 3.80 g de borax de sodium ($Na_2B_4O_7$, 10 H_2O) dans 1000 cm^3 d'eau distillée.

Tampon pH 10.01 :

Dissoudre 2.092 g de $NaHCO_3$ et 2.640 g de Na_2CO_3 dans 1000 cm^3 d'eau distillée.

Tampon pH 6.86

Dissoudre 3.388 g de KH_2PO_4 et 3.53 g de Na_2HPO_4 dans 1000 cm^3 d'eau distillée.

Tampon pH 4.008 :

Dissoudre 10.12 g de $KHC_8H_4O_8$ (hydrogénophtalate de potassium) dans 1000 cm^3 d'eau distillée.

Procédure d'étalonnage du pH-mètre d'étalonnage JENCO :

L'appareil possède deux types de touches :

-Touches mode : pH, mV, °C, emV et ion

-Touches fonction : pH7, pH4 et pH10

La touche RESET ne sera utilisée que lorsque des erreurs obligent à remettre à zéro les paramètres de l'appareil. Dans ce cas, la rééquilibration de l'appareil est nécessaire.

L'appareil n'étant pas pourvu d'une sonde de compensation de température, le calibrage de l'instrument se fera avec un contrôle de température manuel. Pour cela :

- connecter l'électrode de pH à l'arrière de l'appareil
- positionner le commutateur MAN/AUTO se trouvant derrière l'appareil sur la position MAN
- raccorder le câble d'alimentation au courant alternatif
- rincer l'électrode et l'immerger dans la solution de tampon pH7
- mesurer la température du tampon pH et l'afficher sur l'instrument à l'aide du potentiomètre » manuel température »
- presser la touche pH7, la mesure, la mesure donnera la valeur du pH à la température qui a été auparavant affichée

- on appuiera alors sur la touche pH. L'appareil est alors étalonné en un point et prend alors en compte la pente théorique à la température à laquelle il a été réglé.

NB : l'étalonnage en un point peut s'effectuer à l'aide des tampons 4.01 et 10.01 en appuyant sur la touche pH4 ou pH10 au lieu de la touche pH.

III-1-3 Dosage des chlorures (Cl^-)

Les teneurs en chlorures dans les eaux sont extrêmement variées et liées à la nature des terrains traversés. Habituellement, la teneur en chlorures dans les eaux naturelles est inférieure à 50 ppm, mais elle peut subir des variations :

- provoquées par un lessivage superficiel, en cas de fortes pluies, dans les zones arides.
- dues aux pollutions liées à des rejets d'eaux usées (mines de potasse, industries chimiques etc.), dans les zones industrielles.
- causées par des infiltrations d'eau de mer dans les nappes en zone côtière.

Méthode de MOHR

Principe

Les ions Cl^- sont dosés en milieu neutre par précipitation avec une solution titrée de nitrate d'argent en présence de chromate de potassium comme indicateur.

La fin du dosage est indiquée par l'apparition d'une teinte rouge due à la formation d'un précipité de chromate d'argent.

Réactifs

- Acide nitrique pur.
- Carbonate de calcium solide pur.
- Solution de chromate de potassium à 10 %.(massique)

Solution de nitrate d'argent à 0,1 N.

Mode opératoire

Dans un erlenmeyer de 250 ml, introduire 100 ml d'eau à analyser ; ajouter de petites quantités d'acide nitrique ou de carbonate de calcium pour rendre le milieu neutre puis ajouter 2 à 3 gouttes de chromate de potassium.

Remplir la burette avec la solution titrée de nitrate d'argent, et verser goutte à goutte dans l'erlen en agitant constamment jusqu'à apparition d'une teinte rougeâtre de précipité qui doit persister quelques secondes. Soit **V** le nombre de ml de nitrate d'argent nécessaire au titrage.

Expression des résultats

Teneur en chlorures (mg de Cl^- par litre d'eau) = T_{Cl}

$$T_{Cl} = (V_{AgNO_3} * N_{AgNO_3})*10 * M_{Cl}$$

On utilise une burette ordinaire graduée en millilitres, il suffit de multiplier par 2 le nombre de millilitres trouvé pour avoir le résultat en degrés français.

Un degré français correspond à 7.1 mg/l de Cl

$$1°F = 7.1 \text{ mg/l}$$

III-1-4 Dosage de l'ammoniac (ASTM D-1426)

But

Cette méthode s'applique à la détermination de l'ammoniaque dans l'eau

Principe

A un volume d'échantillon d'eau on ajoute 1 cc du réactif NESLER, l'échantillon est placé dans la cellule d'un spectrophotomètre dans lequel on mesure l'absorbance. La valeur obtenue est reportée sur une courbe étalon qui permet de déterminer la concentration en ammoniaque.

Appareillage et réactifs

- spectrophotomètre
- réactif de Nessler

Calibration et standardisation

Préparer une série de solutions standards de NH_3 de 0 à 2.5 mg/l en diluant la solution mère de 1000 ppm avec de l'eau distillée. Suivre le mode opératoire et tracer la courbe absorbance en fonction de la concentration.

Mode opératoire :

- Prélever 25 ml de l'échantillon à analyser
- Ajouter 1 ml du réactif Nessler
- Laisser reposer 10 minutes
- Faire passer au spectrophotomètre à 425 nm, en utilisant au préalable l'eau distillée comme blanc
- Lire sur la courbe d'étalonnage la teneur en mg/l en NH_3.

III-2 ANALYSES DES FACTEURS DE POLLUTION

III-2-1 Matières en suspension (MES-MVS-MMS)

La charge polluante d'une eau et plus généralement la pollution d'une eau est plus souvent associée à la présence d'objets flottants, de matières grossières et de particules en suspension. En fonction de la taille des particules (décantables ou flottables) et les matières en suspension de matières organiques ou minérales, on peut aussi prendre en compte une partie des matières colloïdales de dimension inférieure (1µm et 0,01µm).

La détermination des matières en suspension dans l'eau s'effectue par filtration ou par centrifugation .La méthode par centrifugation est surtout réservée aux eaux contenant trop de matières colloïdales pour être filtrées dans de bonnes conditions en particulier si le temps de filtration est supérieur à une heure.

Les deux méthodes ont leurs avantages et leurs inconvénients respectifs liés à un certain nombre de facteurs. Quelle que soit la méthode utilisée, il est nécessaire, pour obtenir une reproductibilité satisfaisante, de respecter rigoureusement les conditions opératoires et d'utiliser le même type de matériel.

III-2-1-1 Méthode par filtration

Principe

Séparation des matières en suspension par filtration sous vide, séchage à 105 °C et pesée. L'eau est filtrée et le poids de matières retenues par le filtre est déterminé par pesée différentielle.

Appareillage

Equipement par filtration sous vide récipient de 250 ml, un disque métallique poreux, une trempe à eau boite de Pétrie.

Membrane filtrante Watman 0.45 µm.

Mode opératoire :

- Peser le filtre à vide, le placer sur le disque métallique et mettre dessous le récipient avec 100 ml d'échantillon et le filtrer.

- Mettre le filtre dans la boite de Pétri et la placer dans une étuve à 105 °C le laisser refroidir dans le dessiccateur. et le peser.

Expression des résultats :

Soit :

$$MES = [(M_1 - M_0) *100]/V$$

V : Volume en ml de la prise d'essai.

M_0 : Masse en mg de la membrane filtrante.

M_1 : Masse en mg de la membrane et de son contenu après séchage à 100°C. Le taux de matières en suspensions exprimé en mg / l et donner par l'expression.

NB : avant chaque test le filtre doit être placé auparavant dans l'étuve à 105 °C pendant 15 mn.

III-3 PARAMETRES CHIMIQUES DES EFFLUENTS

III-3-1 DEMANDE BIOCHIMIQUE EN OXYGENE (DBO)

NORME FT 90-103

Définition :

La (DBO) demande biochimique en oxygène est la quantité d'oxygène exprimée en (mg/l) qui est consommé dans les conditions de l'essai par incubation à 20 °C dans les conditions de l'essai (incubation durant 5 jours à 20 °C et à l'obscurité) par certaines matières présentes dans 1 litre d'eau par la technique OXITOP pour assurer leur dégradation par voie biologique.

Principe :

Le système de mesure est basé sur une différence de pression au moyen d'un indicateur digital .Réactifs

- Eau distillée .

- Solution d'inhibiteur de nitrification $C_4H_8N_2S$ à 5g/l .

- Soude en pastille

Mode Opératoire   Prendre 164 ml d'échantillon avec la fiole de mesure, verser ce dernier dans le flacon, ajouter 03 gouttes de la solution de nitrification et le barreau aimanté, mettre la capsule fermer le flacon contenant 2 pastilles de soude et fermer le flacon avec le bouchon OXITOP , presser sur S et M pendant 2 secondes pour avoir le zéro.

En parallèle faire un blanc avec 432 ml d'eau, mettre les échantillons dans les incubateurs avec agitation pendant 5 jours.

Lecture

Retirer les flacons de l'incubateur presser sur M lire la mesure et la multiplier par le facteur de dilution qui est déterminé dans le tableau qui suit :

Tableau III.1. Teneurs des huiles

Volume échantillon (ml)	Mesure (mg /l)	Facteur
432	0-40	1
365	0-80	2
250	0-200	5
164	0-400	10
97	0-800	20
43.5	0-2000	50

Valeur limite de rejet pour les ICPE soumises à une autorisation

-300 mg/litre si le flux journalier maximal autorisé par l'arrêté n'excède pas 100kg/j

-125 mg/litre au delà

Le rapport DCO / DBO5 détermine la possibilité et le rendement de dégradation que l'on peut espérer par un traitement d'oxydation biologique

Le rapport DCO / DBO5 est un indice de biodégradabilité il permet de connaitre la biodégradabilité d'un effluent et par conséquent l'intérêt du choix d'un procédé d'épuration biologique

Si le rapport   Y= DCO / DBO5

$Y \leq 2,5$: l'effluent peut être facilement épuré par le traitement biologique

$2,5 \leq Y \leq 5$: l'épuration nécessite soit un traitement chimique soit un apport de micro-organismes spécifiques à l'élément chimique dominant dans l'eau résiduaire

$Y \geq 5$: l'épuration biologique est impossible car les micro-organismes ne peuvent pas vivre dans cette eau et seuls les traitements chimiques adéquats peuvent donner des résultats

III-3-2 LA DEMANDE CHIMIQUE EN OXYGENE (DCO)

Définition :

La DCO est la consommation en oxygène par les oxydants chimiques forts pour oxyder les substances organiques et minérales de l'eau.
Elle correspond à la quantité d'oxygène (en milligramme) qui a été consommée par voie chimique pour oxyder l'ensemble des matières oxydables présentes dans un échantillon d'eau de 1 litre et permet d'évaluer la charge polluante des eaux usées. C'est une des mesures principales des effluents pour les normes de rejet. Elle est particulièrement indiquée pour mesurer la pollution d'un effluent industriel.

Unité de mesure :   **mg /l d'oxygène** ou en **% de saturation**

Principe :

Basé sur une ébullition à reflux dans les conditions définies de la présente Norme d'une prise d'essai de l'échantillon, en milieu acide en présence d'une quantité connue dichromate de potassium, Sulfate d'argent jouant le rôle d'un catalyseur d'oxydation et de sulfates de mercure, il permet de complexer les ions chlorures : la détermination de l'excès de dichromate de potassium avec une solution titrée de sulfates de fer d'ammonium.

Le calcul de la DCO sera donc à partir de la quantité de $K_2Cr_2O_7$ réduite.

Annexe

Réactifs :

- H_2SO_4 concentré avec son densité d= 1.83

- Acide sulfurique (H2SO4) et sulfates d'Argent (Ag_2SO_4)

- 10 g de Ag_2SO_4 + 40 ml H_2O distillée ajoutée avec précaution et par proportion la quantité de 960 ml d'H_2O (d= 1.83)

- Sulfates de Fer et d'Ammonium 0.12 mol/l (dissoudre 47 g de sulfates de Fer d'Ammonium hydraté dans de l'eau .Ajouté 20 ml d'H_2SO_4 (d= 1.83) refroidi et diluée à 1 Litre .

- Sulfate de Mercure $HgSO_4$ en cristaux.

- Dichromate de potassium à 0.04 mol/l (dissoudre 11.767 g de $K_2Cr_2O_7$ préalablement séché à 105°C pendant 2 heures , dans 100 ml d'H_2SO_4 (d= 1.83) transvaser dans une fiole de 1000 ml et compléter à 1 litre .

- Férroine : solution indicatrice . (Dissoudre 0.7 g de Sulfate de Fer ($FeSO_4$,$7H_2O$) dans l'eau Ajouter 1.5g de Phénotroline + 1.10 monohydrate et agiter jusqu'à dissolution puis diluer à 1 Litre .

- Granulés régulateurs d'ébullition.

Mode Opératoire :

- Introduire dans l'appareil à reflux 10 ml d'échantillon à l'aide d'une pipette jaugée 0.4g de sulfate de Mercure puis 5 ml de $K_2Cr_2O_7$ à 0.04 mol /l.

- Ajouter lentement et avec précaution 15 ml d'Ag_2SO_4 en agitant soigneusement la fiole d'un mouvement circulaire.

Expression des résultats :

$$DCO = \frac{8000 * C * (V_1 - V_2)}{V_{ech}}$$

C : Concentration exprimé en (mole /l) de (NH_4) Fe(SO_4),6 H_2O

V_{ech} : Volume de l'échantillon.

V_1: Volume de (NH_4) Fe(SO_4),6 H_2O utilisé pour le blanc.

V_2: Volume de (NH_4) Fe(SO_4),6 H_2O utilisé pour l'échantillon.

III-3-3 Teneur en hydrocarbures

Préparation de la solution de Calibration de Zéro :

Il n'y a pas de préparation particulière pour la solution de Zéro, excepté qu'il ne faut pas faire un prélèvement de solvant S-316 avec la seringue directement dans la bouteille.

Prenez un bécher et rincer avec du S-316.

Préparation de la solution d'échelle (span) :

- Prendre un bécher de 100 ml, le remplir à moitié du solvant S-316 pur.
- Ajouter 5 µl d'hile lourde de B.
- Remuer pour homogénéiser la solution, puis compléter à 100 ml avec du solvant pur.
- Remuer encore pour homogénéiser la solution.

Tableau III-3-3 : Teneurs des hydrocarbures

µl d'huile lourde B	Concentration d'échelle span dans Bécher de 100 ml de S-316 (mg/l)	Concentration d'échelle span dans Bécher de 200 ml de S-316 (mg/l)
1	8.9	4.5
2	17.9	8.9
3	26.8	13.9
4	35.8	17.9
5	44.7	22.4
6	53.7	26.8
7	62.6	31.3
8	71.6	35.8
9	80.5	40.2
10	89.5	44.7

III-3-4   Dosage des Fer et de Cuivre par la méthode Spectrophotométrique d'Absorption Atomique UV Visible

But

- Connaître la technique de spectrophotométrie.

- Connaitre la concentration de Fer et de cuivre dans l'échantillon

Domaine de l'ultraviolet et du visible

Le domaine du spectre ultraviolet utilisable en analyse s'étend environ de 190 à 400 nm. Le domaine du spectre visible s'étend environ de 400 à 800 nm.

Spectrophotométrie [14]

L'analyse Spectrophotométrique est fondée sur l'étude du changement d'absorption de la lumière par un milieu, en fonction de la variation de la concentration d'un constituant. On détermine la concentration d'une substance en mesurant l'absorption relative de la lumière par rapport à celle d'une substance de concentration connue.

En analyse Spectrophotométrique, on utilise une lumière sensiblement monochromatique. Ces méthodes d'analyse sont intéressantes car elles permettent de travailler sur de faibles quantités de substances et sont non destructrices vis-à-vis de l'échantillon. Elles s'appliquent à un très grand nombre de dosages.

Un Spectrophotomètre UV-Visible [15]

Un spectrophotomètre UV-visible est un appareil qui permet de mesurer l'absorbance d'une solution homogène à une longueur d'onde donnée ou sur une région spectrale donnée. Selon la loi de Beer Lambert, l'absorbance d'une solution est proportionnelle à la concentration des substances en solution, à condition de se placer à la longueur d'onde à laquelle la substance absorbe les rayons lumineux. C'est pourquoi la longueur d'onde est réglée en fonction de la substance dont on veut connaître la concentration.

Figure I : Spectrophotomètre

Loi Beer Lambert [16]

D'après Beer Lambert, l'absorbance A_λ est fonction de la concentration C de la solution, du coefficient d'absorption molaire et de la longueur de solution à traverser L (en cm ! c'est pour cela que la plupart des cuves sont standardisées à L=1cm). où est la transmittance de la solution.

$$A_\lambda = -\log_{10} \frac{I}{I_0} = \varepsilon_\lambda \cdot \ell \cdot C.$$

I_1/I_0 est la transmittance de la solution (sans unité).

A est l'absorbance ou densité optique à une longueur d'onde λ (sans unité).

ε est l'absorptivité molaire *(aussi appelé coefficient d'extinction molaire)*, exprimée en L·mol^{-1}·cm^{-1}. Elle dépend de la longueur d'onde, la nature chimique de l'entité et la température.

ℓ est la longueur du trajet optique dans la solution traversée, elle correspond à l'épaisseur de la cuve utilisée (en cm).

C est la concentration molaire de la solution (en mol.L^{-1}). Dans le cas d'un gaz, C peut être exprimée comme une densité (unités de longueur réciproque au cube, cm^{-3}).

Cette équation est très utile pour la chimie analytique. En effet, si ℓ et ε sont connus, la concentration d'une substance peut être déduite de la quantité de lumière transmise par elle.

Mode Opératoire :

- La longueur d'onde de travail est constante : $\lambda = 400$ nm.

- Pour une solution de référence (ou "blanc") fixer A = 0.

- Mesurer l'absorbance de chacune des solutions réalisées.

- Réglage de faisceau lumineux, longueur d'onde et l'intensité de courant électrique.
- Règle sur le support de gaz (fuel+ Oxygène) pour une flamme bleu clair.

Expérience :

- Dissoudre 1 gr de limaille de fer dans (20ml d'acide chlorhydrique HCl et 5 ml d'acide Nitrique HNO_3) * 5 Molaire. Le mélange (HCl + HNO_3) de son nom l'eau régal.
- Réagir le fer dissoudre d'acide solution transverse dans une fiole jaugé 1 litre.
    - Compléter avec l'eau distillée (l'eau minérale) jusqu'au très jauge. Compléter jusqu'à 1 litre puis agiter.
    - Prendre une solution mère de fer jaune verdâtre (Fe 1gr / l).
    - Préparation de la solution mère pour chaque élément par exemple limaille de fer qui va Nous servir pour la préparation des solutions standards (1 ppm ; 5 ppm ; 10 ppm).
    - On prend 3 fioles jaugées absolument identiques (0.1 ml , 0.5ml et 1ml) dans volume de Solution de 100 ml . Aprés avoir rincé les fioles jaugés avec de l'eau distillée, verser les Volumes différents de la solution étalon de l'élément à analyser donnée .
    - Longueur d'onde de la solution de Fe est égal 248.3 nm et l'intensité de courant électrique 15 mA . Réglage de la zone bleue.
    - **Autozéro :**

- Régler le zéro avec la solution dans la préparation des étalons.

Mode Opératoire 2 :

Même étape pour le dosage séctrophométrique des ions de cuivre dans l'échantillon

Equivalent-Habitant (E.H)

Un équivalent -habitant est défini comme la quantité de pollution journalière rejetée par un habitant . Un EH représente

- 80 g de MES

- 60 g de DBO5

- 15 g de matières azotées,

- 4 g de matières phosphorées

- 150 à 250 l d'eau.

Les Rendements Auto Epuratoire (RAE)

Le rendement auto épuratoire est le rapport entre la quantité de DBO_5 détruite et la quantité de DBO_5 entrante.

$$RAE = DBO5_{détruite} / DBO5_{entrante}$$

IV) TABLEAU DE CONSERVATION DES ECHANTILLONS [17]

paramètres	Récipient	Conservation à utiliser	Volume de prélèvement	Température de conservation	Effectuer la mesure avant
pH	PET	Mesure in situ	/	/	/
Température	/	/	/	/	/
DCO	PET/V	Acide sulfurique	500 cm^3	4°C	24 heures
DBO5	PET/V	/	1000 cm^3	4°C	6 heures
MES	PET/V	/	/	/	6 heures
Conductivité	PET/V	Mesure in situ	/	/	48 heures
Cuivre total	PET/V	Acide nitrique	/	/	2 mois
Plomb total	PET/V	Acide nitrique	/	/	2 mois
Nickel total	PET/V	Acide nitrique	/	/	2 mois
Zinc total	PET/V	Acide nitrique	/	/	2 mois
Fer total	PET/V	Acide nitrique	/	/	2 mois
Azote total	PET/V	/	/	4°C	48 heures
Azote ammoniacal	PET/V	/	500 cm^3	4°C	1 semaine
Phosphates	PET/V	/	100 cm^3	4°C	48 heures
Phosphore total	PET/V	/	/	/	/
Huiles et graisses	V	Acide nitrique	1000 cm^3	4°C	/
Hydrocarbures totaux	V	Acide nitrique	1000 cm^3	4°C	/
Mercure	PET	Acide nitrique	/	4°C	/

V : Verre,   PET : Polyéthylène

V. PRESENTATION DU COMPLEXE GL4/Z

V-1 SITUATION GEOGRAPHIQUE DU COMPLEXE GL4/Z

Erigé à Arzew (41 km au Nord Est d'Oran) et implanté sur une superficie de 73 hectares dont 22 hectares pour les installations, le complexe GL4/Z est la première réalisation mondiale à l'échelle industrielle pour la liquéfaction du méthane. Il a d'ores et déjà servi de pilote et d'exemple pour de nombreux projets. Approvisionné par les champs gaziers de HASSI R'MEL, le complexe traite 1,7 milliard de mètres cubes (m^3) de gaz naturel par an. Le complexe GL4/Z reste le premier à avoir utilisé le procèdé de liquéfaction du gaz naturel appelé procédure de la cascade classique.

Il a pour objectifs :

Le traitement du gaz naturel venant de HASSI R'MEL et la production du gaz naturel liquéfié et le butane.

Dates de mise en production du complexe : septembre 1964. [18]

Tableau V-5 : Dates de mise en production des unités de liquéfaction du GN

Unités de production	Date de production
Première unité (U21)	Septembre 1964
Deuxième unité (U22)	Novembre 1964
Troisième unité (U23)	Mars 1965

Annexe

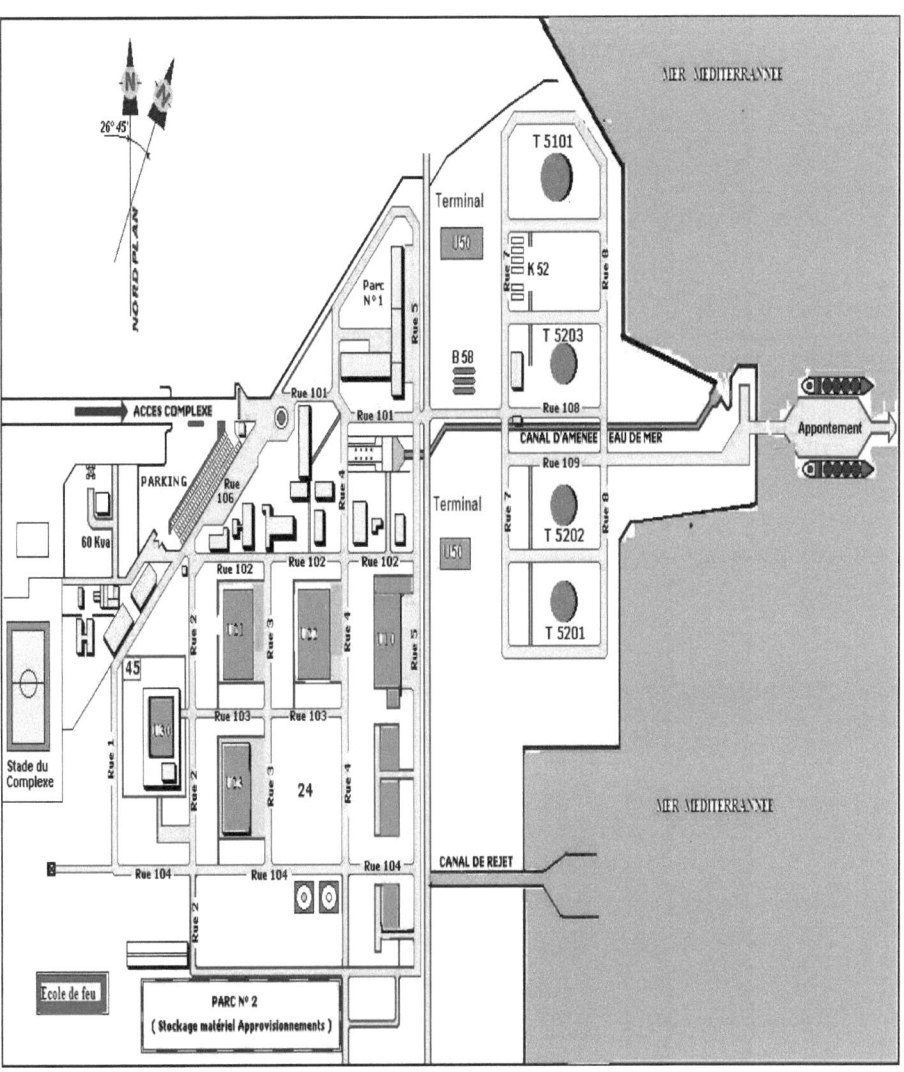

Figure V-2 :   Plan de Masse du complexe GL4/Z

V-2 LE GAZ NATUREL

Grâce à ses utilisations multiples, le gaz naturel est l'énergie la plus utilisée dans le monde, il est utilisé comme :

- a- combustible industriel, il se substitue de plus en plus au fuel par son haut pouvoir calorifique, et son prix de revient.
- b- gaz de ville, il remplace avantageusement le gaz de houille manufacturé.
- c- carburant pour certains camions GNV (GN comprimé), locomotives et turbines.
- d- matière pour l'élaboration des bases chimiques servant à la fabrication des engrais azotés, les nitrates, sels d'ammonium et matières plastiques.
- e- il sert aussi pour la fabrication du gaz de synthèse, car il est riche en hydrogène (le rapport H/C est de 4/1)

V-3 LE GAZ NATUREL LIQUEFIE (GNL) [19]

Lorsque le gaz naturel est refroidi à une température d'environ -161°C à la pression atmosphérique, on obtient du gaz naturel liquéfié (GNL) qui est un liquide clair, transparent, inodore, non corrosif et non toxique, et joue un rôle de plus en plus important dans l'industrie mondiale de l'énergie.

Son état condensé rend possible son transport par les voies maritimes, donnant naissance à de véritables chaînes d'approvisionnement incluant les puits producteurs, les usines de traitement, les réseaux de gazoducs, les usines de liquéfaction, les terminaux de chargement des méthaniers, les terminaux d'importation et de stockage, les usines de regazéification et de réinjection au réseau.

Le GNL est un combustible précieux parce qu'il est favorable à l'environnement, assure la sécurité énergitique et apporte de nombreux bénifices économiques. Il est obtenu surtout dans les installations qui fonctionnent avec une grande et permanente productivité .Néanmoins le GNL peut être produit dans les installations cryogéniques de séparation de gaz naturel .

La cryogénie étudie les caractéristiques fondamentales des basses températures. Cette technique est utilisée dans le complexe GL4/Z (ex- Camel) pour la liquifaction de gaz naturel obtenu par une base de cycle de cascade classique selon le procédé de refroidissement progressif à l'aide des trois boucles fermées des fluides frigorifiques qui sont le propane, l'éthylene et le methane .

La qualité des fluides frigorifiques est une spécification très importante pour un bon fonctionnement de la liquéfaction de gaz naturel .la moindre défaillance de cette spécificité provoque des problèmes dans la liquéfaction du gaz naturel .

V-4 STRUCTURES DU COMPLEXE GL4/Z

V-4-1 Organigramme

Annexe

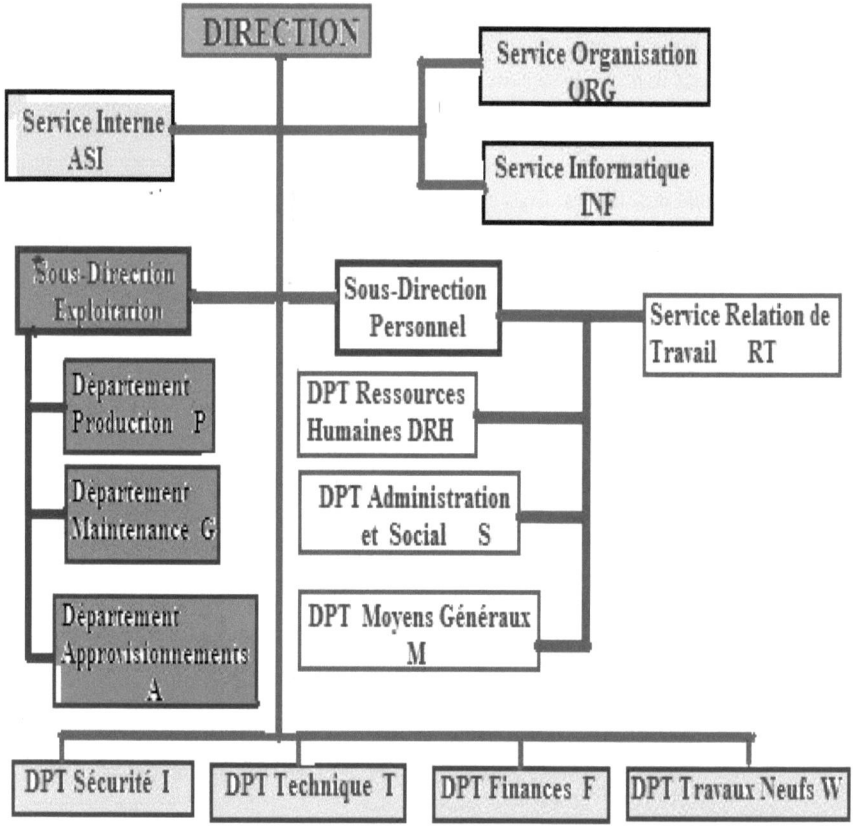

Figure V-3 : Organigramme du complexe GL4/Z

V-4-2 Structure du Département Production
Le département production est subdivisé en 3 zones principales

V-4-2-1 La Zone I
Un terminal méthanier (Unité 50)
- l'unité de stockage de GNL .

- un appontement à 2 quais de chargement pouvant recevoir des méthaniers d'une capacité de 25000 à 50000 m^3 de GNL
- l'unité de traitement de gaz naturel destiné à éliminer le gaz carbonique et l'eau contenus dans le GN à l'entrée de l'unité (Unité 10)
- l'unité de fabrication de fluides frigorifiques (Unité 26)
- l'unité de fabrication de butane commercial. (Unité 28)

Le GNL est exporté en Europe et particulièrement en Espagne durant les dernières décennies quant au Butane il est destiné au marché local.

V-4-2-2 La Zone II

La zone II comprend 3 Unités de liquéfaction identiques (U. 21/22/23) d'une capacité de production 2700 m^3/jour de GNL chacune et une unité de stockage de butane commercial.

. Pour le refroidissement des fluides frigorigènes (propane ,éthylène et méthane) chaque unité utilise un débit d'eau de mer de 8456 m^3/h

V-4-2-3 La Zone III

elle comprend :

Une centrale énergétique (U. 30) qui regroupe :

- (05) chaudières produisant chacune 100 T/h de vapeur surchauffée haute pression
  (500°C ; 70bars)
- (04) unités de dessalement d'eau de mer.
- (01) unité de déminéralisation d'eau distillée pour les chaudières.
- (03) turboalternateurs pour la production d'électricité.

V-4-2-3-1 Service des Utilités

Le service des utilités est constitué d'une centrale thermoélectrique désignée à fournir la vapeur nécessaire à l'entraînement des turbocompresseurs des lignes de liquéfaction ainsi que l'énergie électrique nécessaire au fonctionnement de l'usine (puissance totale fournie : 120 000 CV).

La centrale thermoélectrique assure aux unités de fabrication :
- L'énergie électrique.
- La vapeur d'eau surchauffée et à haute pression.
- L'air comprimé.
- Production d'eau distillée à partir de l'eau de mer.
- L'eau de mer pour le refroidissement des fluides.

V-4-2-3-2 Production de Vapeur

La centrale comprend 5 chaudières, la capacité unitaire de chacune est de 100T/h à une pression de 70 bars et une température de 500°C.

La vapeur générée par les chaudières est distribuée dans tout le complexe selon son utilité :

- Vers la turbine a vapeur (TAV) qui entraîne l'alternateur.

- Vers l'unité de liquéfaction pour entraîner le turbocompresseur de méthane (turbine à réaction où on obtient à l'échappement une vapeur moyenne pression de 27 bars effectifs (VD) pour entraîner les turbocompresseurs d'éthylène et de propane).

- La vapeur de chauffe (VC 4,5 bars. Effet. 250°C) est utilisée aussi dans le dégazeur (élimination de l'oxygène et du dioxyde de carbone (CO_2) dissous dans l'eau) dans les sécheurs de gaz naturel et dans les dessaleurs.

NB : l'eau d'alimentation des chaudières subit différents traitements

V-4-2-3-3 Production d'air comprimé

La production d'air comprimé est assurée par 4 motocompresseurs volumétriques à deux étages dont le débit est de 846 m^3/h à une pression effective de 8,5 bars

V-4-2-3-4 *Production d'eau distillée*

La production d'eau distillée est assurée par quatre dessaleurs E3119, E3120, E3121 et E3122 avec un débit horaire de 90 mètres cubes (pour les 3 premiers) pour le complexe GL4/Z et par contre le dessaleur (E3122) produit 100m³/h d'eau distillée pour assurer l'alimentation du complexe l'ENIP.

V-5 ROLE DE L'USINE

L'objectif de l'usine est de liquéfier le gaz naturel provenant du gisement de Hassi R'Mel et de le transporter sous forme de gaz liquéfié (GNL). La liquéfaction réduit le volume du gaz d'environ 600 fois. Le gaz naturel liquéfié est transporté à la pression atmosphérique et à la température de –161°C (-258° F), dans les navires-citernes spécialement aménagés, appelés «méthaniers».

V-5-1 Principe de Fonctionnement d'une unité de liquéfaction

Le procédé de liquéfaction utilisé au Complexe GL4/Z est du type "cascade classique" faisant appel à 3 boucles frigorigènes à fluides purs : propane, éthylène et méthane, il a été appliqué et développé dès 1964 par SEGANS (Société d'étude du transport et de la valorisation des gaz naturels du Sahara). Le gaz naturel est régulé à une pression optimale de 40 bars, puis soumis à un traitement (déshydratation, décarbonatation et parfois le dépoussiérage).

Le gaz naturel traité est ensuite refroidi, condensé et sous refroidi à pression constante par échange thermique avec les 3 fluides frigorigénes à l'état liquide, qui sont dans l'ordre des températures décroissantes.

La boucle propane sert à refroidir le GN (de la température ambiante jusqu'à -38°C environ) et le méthane. Cette boucle sert aussi à condenser les hydrocarbures lourds contenus dans le GN en vue de leur séparation et liquéfier l'éthylène.

La boucle éthylène sert à la liquéfaction du méthane et du GN (la température du gaz passe de -38°C à -96°C environ).

La boucle méthane sert à sous refroidir le GNL (dont la température passe de -96 °C à -151°C) en vue de réduire les pertes par évaporation du GNL produit.

Les vapeurs des 3 fluides circulant respectivement dans les boucles fermées sont reprises par les différents étages d'aspiration des trois compresseurs centrifuges entraînés par des turbines à vapeur.

Le GNL produit est envoyé au stockage sous une température de -161°C à la pression atmosphérique pour être ensuite expédié.

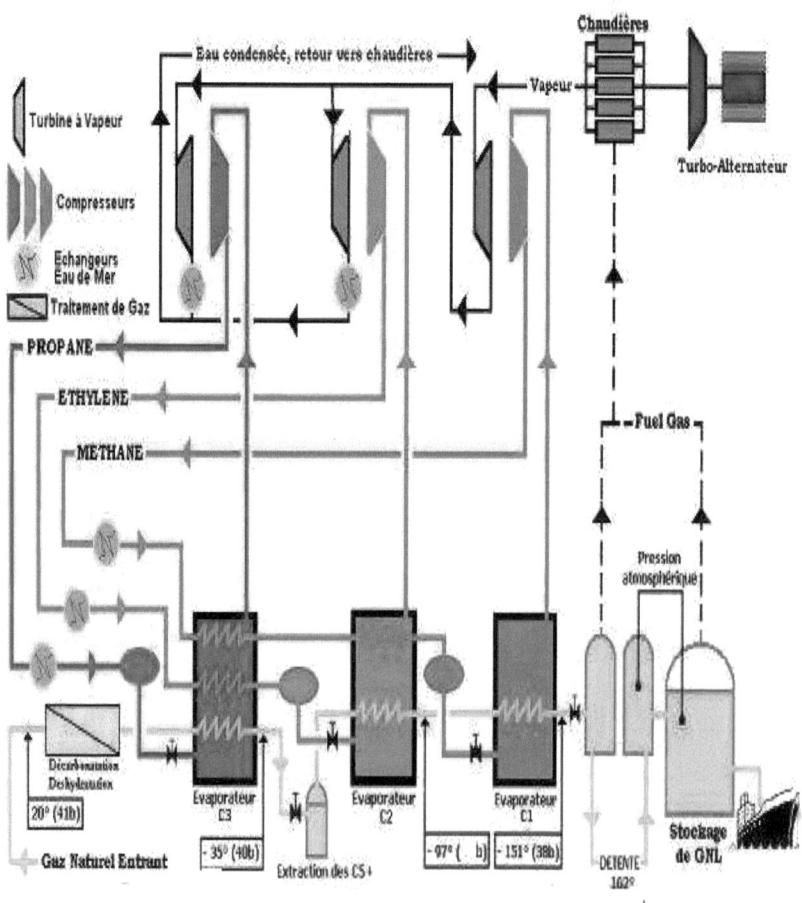

Figure V-4 : Principe de Fonctionnement d'une ligne de liquéfaction

V-5-2 Caractéristiques   [20]

CAPACITE DE PRODUCTION :
   2,7 millions de m^3 de GNL/an.
   18150 tonnes de butane/an.
CAPACITE TOTALE DE STOCKAGE
3 bacs aériens de GNL de 11000 m^3 chacun.
1 bac en excavation de GNL de 38000 m^3 unique au monde
(n'est plus fonctionnel depuis mars 2006)

VI. REGLEMENTATION

VI-1 INTRODUCTION

International Standards Organization (ISO)

C'est une organisation internationale de normalisation chargée de coordonner et d'unifier les normes internationales.

VI-2 HISTORIQUE   [21]

En 1926, 22 pays se sont réunis pour fonder une fédération internationale des comités nationaux de normalisation, l'ISA (International Standardizing Associations). Cet organisme fut remplacé en 1947 par l'ISO, dont le siège est situé à Genève.

Chaque pays membre est représenté par un de ses instituts de normalisation et s'engage à respecter les règles établies par l'ISO concernant l'ensemble des normes nationales. Cette institution a pour mission de développer la normalisation au niveau mondial et publie, dans cet objectif, des normes internationales appelées « normes ISO », qui tentent d'effectuer un rapprochement entre les normes nationales de chaque état membre. L'ISO bénéficie du statut consultatif auprès des Nations unies.

VI-3   NORMES ISO [22]

Le mouvement des systèmes de management type ISO 9000 a été amorcé en 1987 avec une première norme .L'année 1994 a permis l'éclosion des systèmes de management de qualité et en 1996 elle fut suivie par la norme ISO 14001 pour le management environnemental. Parallèlement la norme britannique BS 8800 et les spécifications OHSAS 18001(**O**ccupational **H**ealth and **S**afety **A**ssessment **S**eries précise les règles pour la gestion de la santé et la sécurité dans le monde du travail) sont largement adoptées par les entreprises même si elles n'ont pas encore atteint le statut de norme ISO

VI-3-1   ISO 9000

ISO 9000 désigne un ensemble de normes relatives à la gestion de la qualité publiées par l'Organisation Internationale de Normalisation (ISO).

Actuellement, la série 9000 est constituée de :
- ISO 9000:2005[1]: Systèmes de management de la qualité - Principes essentiels
 ISO 9001:2008 : Systèmes de management de la qualité -
Exigences   - ISO 9004:2000 : Systèmes de management de la qualité - Lignes directrices pour l'amélioration des performances.
Seule ISO 9001 peut servir de base à audit et certification. Les deux autres ne sont pas auditables. Des sociétés d'audit et de certification proposent des prestations aux organismes qui le souhaitent. Ces derniers peuvent alors faire état d'un certificat de conformité à ISO 9001.
Avantl'année 2000, la norme ISO 9001 était divisée en 3 normes :
- ISO 9001   -
ISO 9002   -

ISO 9003

Elles ont été supprimées et remplacées par la version 2000 de la norme ISO 9001, pour laquelle chaque organisme (entreprise) certifié ou candidat à la certification peut exprimer des exclusions

VI-3-2 Les normes ISO 9000 -2000 et ISO 14000

Dans le domaine intégré « Qualité, Sécurité, Environnement » (QSE), on distingue les normes suivantes :
- ISO 9001 : pour la conception, le développement, la production, l'installation et le service après-vente.
- ISO 9004 : systèmes de gestion de la qualité - Lignes directrices pour l'amélioration de la performance.
- ISO 14001 : pour la protection de l'environnement.
- ISO 19011 : lignes directrices relatives aux audits de systèmes de gestion qualité et environnemental.

Il existe également un certain nombre de normes basées sur l'ISO 9000 ou l'ISO 14000 et spécifiques à un secteur d'activité ou à un produit. On peut citer par exemple la norme ISO/TS 16949 dans l'automobile, la norme EN 9100 dans l'aéronautique et la norme ISO 13485 pour les dispositifs médicaux.

La norme ISO 9001 2000 représente une étape vers une gestion de la qualité totale en s'écartant de l'esprit assurance qualité des versions 1987 et 1994. Dans un sens, on peut dire que cette nouvelle version s'attache plus au fond (orientation client, approche système, amélioration continue) qu'à la forme.

Les entreprises de services sont généralement intéressées à appliquer la norme ISO 9001 en conjonction avec les lignes directrices de la norme ISO 9004. La deuxième phase du cycle de vie d'un produit (mise au rebut ou recyclage en fin de cycle de vie) impose plutôt de passer par la norme ISO 14001.

VI-4 PRINCIPE DE L'ISO 14001 [23]

La norme ISO 14001 repose sur le principe d'amélioration continue de la performance environnementale par la maîtrise des impacts liés à l'activité de l'entreprise. Celle –ci prend un double engagement de progrès continu et de respect de la conformité réglementaire . Elle permet de bien structurer la démarche de mise en place d'un système de management environnemental, d'en assurer la traçabilité et d'y apporter la crédibilité découlant de la certification par un organisme extérieur accrédité .

La roue de Deming est le principe de base sur lequel reposent toutes les exigences de la norme ISO 14001 . Cette dernière est d'ailleurs architecturée selon la spirale d'amélioration continue Le principe de la norme ISO 14001 se divise en quatre parties :

- Prévoir
- Faire
- Prouver et contrôler
- Corriger et réagir

VII. LE DEPARTEMENT DE SECURITE

VII-1 INTRODUCTION

La protection durable de l'environnement, la préservation de la santé ainsi que la sécurité du personnel et des installtions demeurent les préocupations majeures du service prévention du département sécurité du complexe GL4/Z

VII -2 LE DEPARTEMENT DE SECURITE

Le département de sécurité comprend deux services

- service prévention

- service intervention.

VII-3 LES DIFFERENTES CLASSES DE FEU

Annexe

Nous avons assisté à deux cours dont un de sensibilisation sur la sécurité industrielle animé par un ingénieur de HSE et l'autre animé par un inspecteur du service prévention concernant les différentes classes de feu et les moyens d'extinction.

Le feu peut se déclarer aussi facilement que rapidement si la combinaison de ces trois éléments se réalise. .

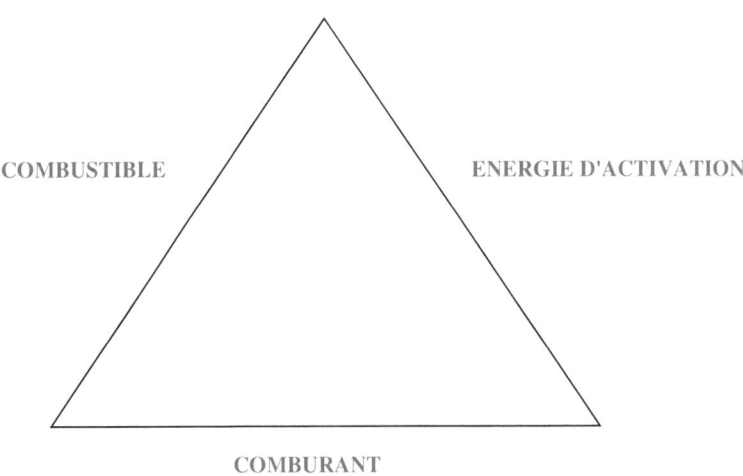

Figure VII-1 : Le triangle de feu

COMBUSTIBLE :

Bois, papier, carton, hydrocarbure, huiles, plastique, gaz…

COMBURANT :

Oxygène de l'air.

ENERGIE D'ACTIVATION :

Flamme, frottement, étincelles, températures.

Tableau VII-1 : Les classes de feu

Classe de feu	PRODUIT	PRODUITS D'EXTINCTION		
		EAU	POUDRE	CO_2
A FEUX « SECS »	Bois, charbon, papier, carton Caoutchouc végétaux, textile, plastique…	OUI	OUI / NON Oui si poudre polyvalente	Inefficace
B FEUX « GRAS »	Hydrocarbure, huiles, alcool, peinture…	OUI /NON Oui si additif pour classe b	OUI	OUI
C FEUX de GAZ	Gaz de ville, butane, propane, hydrogène…	NON		OUI
D FEUX de « METAUX »	Magnésium, aluminium, sodium, potassium…	NON		NON

FEUX D'ORIGINE ELECTRIQUE		NON	OUI	OUI

Figure VII-3 : Camion d'intervention

Annexe

Figure VII-4 : Extincteurs à poudre

BIBLIOGRAPHIE

BIBLIOGRAPHIE

[1] "environnement." Microsoft® Encarta® 2009 [DVD]. Microsoft Corporation, 2008.

[2] Mémoire d'ingéniorat Spécialisé en Health Safety Environment (HSE), MM. MEKKAOUI Mostéfa et MOUILAH Mohamed étude de la faisabilité d'une station d'épuration au complexe GL4/Z Année universitaite 2007-2008

[3] Principaux types de pollution des eaux continentales, nature de produits polluants et leurs origines, d'après C. Lévêque, Écosystèmes aquatiques (Hachette, 1996).

[4] - L'analyse de l'eau, eaux naturelles, eaux résiduaires, eau de mer, Jean RODIER, Editions Dunod.
- Mémento technique de l'eau (2 tomes), Degrémont, Editions Lavoisier. Dernière mise à jour le 28/11/08.

[5] Principaux types de pollution des eaux continentales, nature de produits polluants et leurs origines, d'après C. Lévêque, Écosystèmes aquatiques (Hachette, 1996).

[6] Tous droits réservés - site protégé par Copyright (c) - Grenoble eau pure SARL - Dominique MOLL. 1999-2009.

[7] Archives manuels diapositivs du complexe GL4/Z

[8] Archives manuels diapositivs, Documentation département technique de GL4/Z

[9] (fr) Boues activées [archive]. Consulté le 25 mars 2009

Degrémont, Mémento Technique de l'Eau, Neuvième Edition, 1989 (ISBN 2-9503984-0-5)

[10] (fr) Boues activées *[archive]*. *Consulté le* 25 mars 2009

Degrémont, Mémento Technique de l'Eau, Neuvième Edition, 1989 (ISBN 2-9503984-0-5)

[11]   Archives manuels diapositivs Documentation département technique de GL4/Z

[12]   « Cours de chimie et traitement des eaux, 4^{ieme} ingéniorat d'état Génie de l'Environnement »Dr. BENOUALI 2004-2005, département de chimie industrielle (USTO)

[13]   JEAN RODIER Assistance technique L. RODIER 6ième édition   Dunod technique

[14]   Ingénieur au Laboratoire des Méthodes Physico-Chimiques d'Analyse - Conservatoire National des Arts et Métiers, Paris. Vincent DALMEYDA , Création : 26 janvier 1998, dernière mise à jour : 2000.

[15]   James HENKEL, Essentials of drug product quality (p 130,133). 1978, The Mosby Company, (ISBN 0801600316).

− **(en)** light-scattering and molecular spectrophotometry [archive], Dernière modification de cette page le 3 avril 2009 à 22:33.

[16]   IUPAC Compendium of Chemical Terminology, 2nd Edition (1997).
  Dernière modification de cette page le 8 juillet 2009 à 19:22.

[17] J.RODIER, « L'analyse de l'eau, eaux naturelles, eaux résiduaires, eau de mer, chimie, physico-chimique, bactériologie, biologie ». Sixième édition, nouveau tirage : DUNOD.

[18] Archives Manuels Diapositivs du complexe GL4/Z.

[19] Archives Manuels Diapositivs d'exploitation d'une unité de liquéfaction de GN du complexe GL4/Z.

[20] Mémoire d'ingéniorat d'état en chimie industrielle génie de l'environnement. Baghdad et Metahri « contrôle des effluents liquides selon la norme ISO14001 raffinerie d'Arzew RA1Z »2007-2008

[21] Archives Manuels Diapositivs du complexe GL4/Z.

[22] Archives manuels diapositivs Documentation département technique de GL4/Z

[23] "Discover ISO – Meet ISO". ISO. © 2007. . Retrieved on 2007-09-07.

"ISO's name". ISO. 2007. Retrieved on 2007-09-07. Dernière modification de cette page le 17 juin 2009 à 17:29.

Oui, je veux morebooks!

I want morebooks!

Buy your books fast and straightforward online - at one of the world's fastest growing online book stores! Environmentally sound due to Print-on-Demand technologies.

Buy your books online at
www.get-morebooks.com

Achetez vos livres en ligne, vite et bien, sur l'une des librairies en ligne les plus performantes au monde!
En protégeant nos ressources et notre environnement grâce à l'impression à la demande.

La librairie en ligne pour acheter plus vite
www.morebooks.fr

SIA OmniScriptum Publishing
Brivibas gatve 1 97
LV-103 9 Riga, Latvia
Telefax: +371 68620455

info@omniscriptum.com
www.omniscriptum.com

Printed by Books on Demand GmbH, Norderstedt / Germany